空调器
维修从入门到精通
图解彩色版

李志锋　等编著

U0256080

化学工业出版社

·北京·

本书采用全彩色印刷、维修过程完全图解的方式，系统介绍了空调器维修入门、制冷系统维修基础、电控系统主要元件、挂式空调器电控系统工作原理、柜式空调器电控系统工作原理、主板插座功能和代换通用板、空调器电控系统常见故障维修实例、变频空调器主要元器件和维修实例等内容，完全再现了空调器的维修实际，步步引导读者快速掌握空调器维修技能。

　　本书可供从事空调器维修的技术人员学习使用，也可供职业院校、培训学校等相关专业的师生参考。

图书在版编目（CIP）数据

空调器维修从入门到精通（图解彩色版）/ 李志锋等编著．—北京：化学工业出版社，2017.5 （2023.8重印）
ISBN 978-7-122-29401-2

Ⅰ．①空…　Ⅱ．①李…　Ⅲ．①空气调节器－维修－图解　Ⅳ．① TM925.120.7-64

中国版本图书馆 CIP 数据核字（2017）第 066682 号

责任编辑：李军亮　徐卿华　　　　　　　　　　　　　　　　　装帧设计：刘丽华
责任校对：宋　夏

出版发行：化学工业出版社（北京市东城区青年湖南街 13 号　邮政编码 100011）
印　　装：北京缤索印刷有限公司
787mm×1092mm　1/16　印张 12½　字数 352 千字　2023 年 8 月北京第 1 版第 21 次印刷

购书咨询：010-64518888　　售后服务：010-64518899
网　　址：http://www.cip.com.cn
凡购买本书，如有缺损质量问题，本社销售中心负责调换。

定　　价：49.80 元

近十年来，国内空调产业发展极为迅速，涌现了海尔、格力、美的、海信等一大批知名空调企业，每年的空调器产量达到1.4亿台之多，空调器已经走进了寻常老百姓家中。由于空调器的使用季节性很强，特别是在夏季，使用频率很高，这就难免会出现故障，如何能及时地维修好故障，是空调器维修人员所必须要解决的问题。因此维修人员必须要掌握空调器的维修技能。为此笔者结合多年的空调器维修经验而编写了本书，帮助广大维修人员快速掌握空调器的维修技能。

本书内容有四大特点：

1. 全书彩色　为了能更加清楚地表达空调器维修实际情况，使读者对书中所讲的维修过程一目了然，故采用彩色印刷的方式，使本书的内容表达更清楚、更有层次性，使读者学习更加便捷、快速。

2. 全程图解　一步一图的编写方式，真实还原维修现场，以达到手把手教您维修空调器的效果。

3. 全新内容　作者重新总结这几年空调器维修经验，并汇总了大量的维修案例。

4. 全面系统　内容涵盖了空调器维修入门、制冷系统维修基础、电控系统维修基础、挂式空调器电控系统工作原理、柜式空调器电控系统工作原理、主板插座功能和代换通用板、空调器电控系统常见故障维修实例、变频空调器主要元器件和维修实例等，循序渐进引导读者学习空调器维修从入门到精通。

本书由李志锋、李殿魁、周涛、李献勇、李嘉妍、李明相、李佳怡、班艳、王丽、殷将、刘提、刘均、金闯、金华勇、金坡、李文超、金科技、高立平、辛朝会、王松、殷大海、王志奎、陈文成编著。

编　者

目录 CONTENTS

主板插座功能和代换通用板　127

空调器电控系统常见故障维修实例　151

第八章 变频空调器主要元器件和维修实例 168

空调器维修入门

对密闭空间、房间或区域里空气的温度、湿度、洁净度及空气流动速度（简称"空气四度"）等参数进行调节和处理，以满足一定要求的设备，称为房间空气调节器，简称为空调器。

第一章

第一节　认识空调器

一、空调器型号命名方法

空调器型号命名方法执行国家标准GB/T 7725—1996，基本格式见图1-1。期间又增加GB12021.3—2004和GB12021.3—2010两个标准，主要内容是增加"中国能效标识"图标。

| K | T1 | F | R | - | 23 | G | W | / | D | Y | - | FC | (E1) |

房间空调器　气候类型代号　结构类型　功能代号　额定制冷量　室内机型式　室外机代号　辅助电加热　遥控器　设计序列号　能效比标识

分体挂壁式空调器

整机型号	KFR-23GW/DY-FC(E1)
室内机型号	KFR-23G/DY-FC(E1)
室外机型号	KFR-23W-E118

K：空调器　F:分体型　R：冷暖型
23：额定制冷量
G：壁挂式室内机　W：室外机
D：辅助电加热　Y：遥控器
FC：设计序列号　E1：1级能效

图 1-1　空调器型号基本格式

1. 房间空调器代号

"空调器"汉语拼音为"Kong Tiao Qi"，因此选用第一个字母"K"表示空调器。

2. 气候类型

表示空调器所在工作的环境，分T1、T2、T3三种工况，具体内容见表1-1。由于在国内使用的空调器工作环境均为T1类型，因此在空调器型号中省略不再标注。

▼ 表 1-1　　　　　　　　　　　气候类型工况

类型	T1（温带气候）	T2（低温气候）	T3（高温气候）
单冷型	18～43℃	10～35℃	21～52℃
冷暖型	-7～43℃	-7～35℃	-7～52℃

3. 结构类型

家用空调器按结构类型可分为两种：整机式和分体式。

整体式既窗式空调器，实物外形见图1-2，英文代号为"C"，多见于早期使用；由于运行时整机噪声太大，目前已淘汰不再使用。

分体式英文代号为"F"，由室内机和室外机组成，也是目前最常见的结构型式，实物外形见图1-5和图1-6。

例：K □C□ R－20

整体式：窗式空调器（窗机）

图 1-2　窗式空调器

空调器维修从入门到精通

4. 功能代号

功能代号表示空调器所具有的功能，见图1-3，分为单冷型、冷暖型（热泵）、电热型。

单冷型只能制冷不能制热，所以只能在夏天使用，多见于南方使用的空调器，其英文代号省略不再标注。

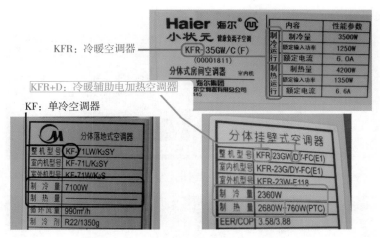

KFR：冷暖空调器

KFR+D：冷暖辅助电加热空调器

KF：单冷空调器

图 1-3　功能代号标识

冷暖型既可制冷又可制热，所以夏天和冬天均可使用，多见于北方使用的空调器，制热按工作原理可分为热泵式和电加热式，其中热泵式是在室外机的制冷系统中加装四通阀等部件，通过吸收室外的空气热量进行制热，也是目前最常见的形式，英文代号为"R"；电热型不改变制冷系统，只是在室内机加装大功率的电加热丝用来产生热量，相当于将"电暖气"安装在室内机，其英文代号为"D"（整机型号为KFD开头），多见于早期使用的空调器，由于制热时耗电量太大，目前已淘汰不再使用。

5. 额定制冷量

额定制冷量用阿拉伯数字表示，见图1-4，单位为100W，即标注数字再乘以100，得出的数字为空调器的额定制冷量，我们常说的"匹"也是由额定制冷量换算得出的。

分体挂壁式空调器		金元帅 健康负离子空调
整机型号	KFR·26GW/I₁Y	KFR-60LW/（BPF）

整机型号　KFR·26GW/I₁Y

室内机型号　KFR-26G/I₁Y

室外机型号　KFR-26W/I₁

制冷量　2600W

制热量　3000W

循环风量　520m³/h

制冷剂　R22/800g

26：额定制冷量为2600W

KFR-60LW/（BPF）

（0000944）

柜式房间空调器　室外机

内　容	性能参数
制冷运行	制冷量　6000W 860~6500）W
	最大输入功率/电流◇　2800W/14A
制热运行	制热量　7000W（700~8100）W
	最大输入功率/电流◇　3100W/16A
	2.8MPa
	52/46dB（A）

60：额定制冷量为6000W

图 1-4　额定制冷量标识

说明

由于制冷模式和制热模式的标准工况不同，因此同一空调器的额定制冷量和额定制热量也不相同，空调器的工作能力以制冷模式为准。

6. 室内机结构形式

D—吊顶式；G—壁挂式（即挂机）；L—落地式（即柜机）；K—嵌入式；T—台式。家用空调器常见形式为挂机和柜机，分别见图1-5和图1-6。

7. 室外机代号

为大写英文字母"W"。

图 1-5　壁挂式空调器

图 1-6　落地式空调器

8. 斜杠"/"后面标号表示设计序列号或特殊功能代号

见图1-7，允许用汉语拼音或阿拉伯数字表示。常见有：Y—遥控器；BP—变频；ZBP—直流变频；S—三相电源；D（d）—辅助电加热；F—负离子。

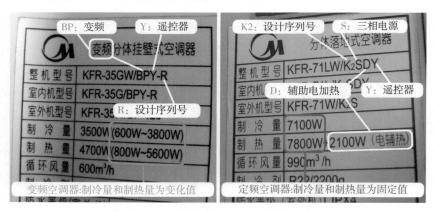

图 1-7　定频与变频空调器标识

同一英文字母在不同空调器厂家表示的含义是不一样的，例如"F"，在海尔空调器中表示为负离子，在海信空调器中则表示为使用无氟制冷剂 R410A。

9. 能效比标识

能效比即EER（名义制冷量／额定输入功率）和COP（名义制热量／额定输入功率），例如海尔KFR-32GW/Z2定频空调器，见图1-8，额定制冷量为3200W，额定输入功率为1180W，EER＝3200W÷1180W＝2.71。

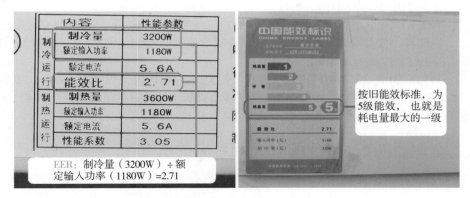

内容		性能参数
制冷运行	制冷量	3200W
	额定输入功率	1180W
	额定电流	5.6A
	能效比	2.71
制热运行	制热量	3600W
	额定输入功率	1180W
	额定电流	5.6A
	性能系数	3.05

EER：制冷量（3200W）÷额定输入功率（1180W）=2.71

按旧能效标准，为5级能效，也就是耗电量最大的一级

图 1-8　能效比标识

能效比标识分为旧能效标准（GB 12021.3—2004）和新能效标准（GB 12021.3—2010）。旧能效标准于2005年3月1日开始实施，分体式共分为5个等级，5级最费电，1级最省电，详见表1-2。海尔KFR-32GW/Z2空调器能效比为2.71，根据表1-2可知此空调器为5级能效，也就是最耗电的一类。

▼ 表 1-2　　　　　　　　　　　　　旧能效标准

制冷量	1级	2级	3级	4级	5级
制冷量≤4500W	3.4及以上	3.39~3.2	3.19~3.0	2.99~2.8	2.79~2.6
4500W＜制冷量≤7100W	3.3及以上	3.29~3.1	3.09~2.9	2.89~2.7	2.69~2.5
7100W＜制冷量≤14000W	3.2及以上	3.19~3.0	2.99~2.8	2.79~2.6	2.59~2.4

新能效标准于2010年6月1日正式实施，旧能效标准也随之结束。新能效标准共分3级，相对于旧标准，级别提高了能效比，旧标准1级为新标准的2级，旧标准2级为新标准的3级，见表1-3。海尔KFR-32GW/Z2空调器能效比为2.71，根据新能效标准3级最低为3.2，所以此空调器不能再上市销售。

▼ 表 1-3　　　　　　　　　　　　　新能效标准

制冷量	1级	2级	3级
制冷量≤4500W	3.6及以上	3.59~3.4	3.39~3.2
4500W＜制冷量≤7100W	3.5及以上	3.49~3.3	3.29~3.1
7100W＜制冷量≤14000W	3.4及以上	3.39~3.2	3.19~3.0

10. 型号示例

[例1]　海信KF-23GW/58：表示为T1气候类型、分体（F）壁挂式（GW即挂机）、单冷（KF后面不带R）定频空调器，58为设计序列号，每小时制冷量为2300W。

[例2]　美的KFR-23GW/DY-FC（E1）：表示为T1气候类型、带遥控器（Y）和辅助电加热

功能（D）、分体（F）壁挂式（GW）、冷暖（R）定频空调器，FC为设计序列号，每小时制冷量为2300W，1级能效（E1）。

[例3] 美的KFR-71LW/K2SDY：表示为T1气候类型、带遥控器（Y）和辅助电加热功能（D）、分体（F）落地式（LW即柜机）、冷暖（R）定频空调器，使用三相（S）电源供电，K2为序列号，每小时制冷量为7100W。

[例4] 科龙KFR-26GW/VGFDBP-3：表示为T1气候类型、分体（F）壁挂式（GW）、冷暖（R）变频（BP）空调器、带有辅助电加热功能（D）、制冷系统使用R410无氟（F）制冷剂、VG为设计序列号、每小时制冷量为2600W，3级能效。

[例5] 海信KT3FR-70GW/01T：表示为T3气候类型、分体（F）壁挂式（GW）、冷暖（R）定频空调器、01为设计序列号、特种（T，专供移动或联通等通信基站使用的空调器）、每小时制冷量为7000W。

二、空调器匹数（P）的含义及对应关系

1. 空调器匹数的含义

匹数是一种不规则的民间叫法，这里的匹数（P）代表的是耗电量，因以前生产的空调器种类较少，技术也相似，因此使用耗电量代表制冷能力，1匹（P）约等于735W。现在，国家标准不再使用"匹（P）"作为单位，使用每小时制冷量作为空调器能力标准。

2. 制冷量与匹（P）对应关系

制冷量为2400W约等于正一匹，以此类推，制冷量4800W等于正二匹，对应关系见表1-4。

▼ 表1-4　　　　　　　　　　制冷量与匹（P）对应关系

制冷量	俗称	制冷量	俗称
2300W以下	小1P空调器	4500W或4600W	小2P空调器
2400W或2500W	正1P空调器	4800W或5000W	正2P空调器
2600W或2800W	大1P空调器	5100W或5200W	大2P空调器
3200W	小1.5P空调器	6000W或6100W	2.5P空调器
3500W或3600W	正1.5P空调器	7000W或7100W	正3P空调器
		12000W	正5P空调器

注：1P ~ 1.5P空调器常见形式为挂机，2P ~ 5P空调器常见形式为柜机。

一、空调器的外部构造

空调器整机从结构上包括室内机、室外机、连接管道、遥控器四部分组成。室内机组包括蒸发器、贯流风扇、室内风机、电控部分等，室外机组包括压缩机、冷凝器、毛细管、轴流风扇、室外风机、电气元件等。

1. 室内机的外部结构

壁挂式空调器室内机外部结构见图1-9和图1-10。

说明

早期空调器进风口通常由进风格栅（或称为前面板）进入室内机，而目前空调器进风格栅通常设计为镜面或平板样式，因此进风口部位设计在室内机顶部。

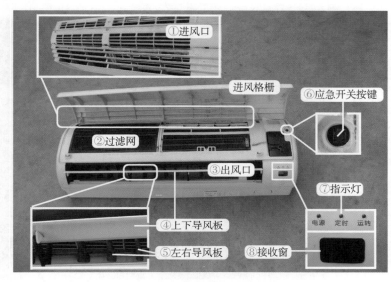

①进风口　进风格栅　⑥应急开关按键　②过滤网　③出风口　⑦指示灯　电源　定时　运转　④上下导风板　⑤左右导风板　⑧接收窗

图 1-9　室内机正面结构

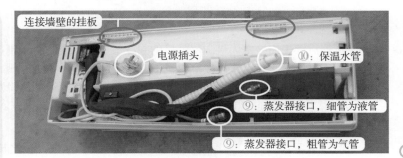

连接墙壁的挂板　电源插头　⑩：保温水管　⑨：蒸发器接口，细管为液管　⑨：蒸发器接口，粗管为气管

图 1-10　室内机反面结构

① 进风口：房间的空气由进风格栅吸入，并通过过滤网除尘。
② 过滤网：过滤房间中的灰尘。
③ 出风口：降温或加热的空气经上下导风板和左右导风板调节方位后吹向房间。
④ 上下风门叶片（上下导风板）：调节出风口上下气流方向（一般为自动调节）。
⑤ 左右风门叶片（左右导风板）：调节出风口左右气流方向（一般为手动调节）。
⑥ 应急开关：无遥控器时使用应急开关可以开启或关闭空调器的按键。
⑦ 指示灯：显示空调器工作状态的窗口。
⑧ 接收窗：接收遥控器发射的红外线信号。
⑨ 蒸发器接口：与来自室外机组的管道连接（粗管为气管，细管为液管）。
⑩ 排水软管（保温水管）：一端连接接水盘，另一端通过外接水管将制冷时蒸发器产生的冷凝水排至室外。

2. 室外机的外部结构

室外机外部结构见图1-11。

① 进风口：吸入室外空气（即吸入空调器周围的空气）。

② 出风口：吹出为冷凝器降温的室外空气（制冷时为热风）。

③ 管道接口：连接室内机组管道（粗管为气管接三通阀，细管为液管接二通阀）。

④ 检修口（加氟口）：用于测量系统压力，系统缺氟时可以加氟使用。

⑤ 接线端子：连接室内机组的电源线。

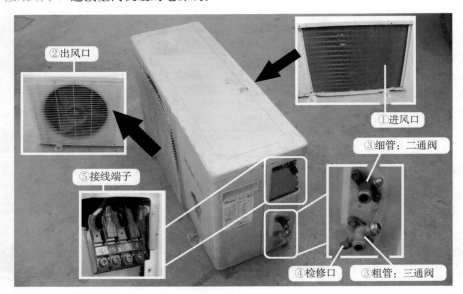

图 1-11　室外机外部结构

3. 连接管道

连接管道用于连接室内机和室外机的制冷系统，完成制冷（制热）循环，见图1-12（a），其为制冷系统的一部分；粗管连接室内机蒸发器出口和室外机三通阀，细管连接室内机蒸发器入口和室外机二通阀；由于细管流通的制冷剂为液体，粗管流通的制冷剂为气体，所以细管也称为液管或高压管，粗管也称为气管或低压管；材质早期多为铜管，现在多使用铝塑管。

4. 遥控器

遥控器见图1-12（b），用来控制空调器的运行与停止，使之按用户的意愿运行，为电控系统中的一部分。

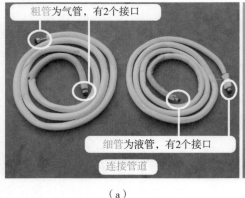

（a）

（b）

图 1-12　连接管道和遥控器

空调器维修从入门到精通

8

二、空调器的内部构造

家用空调器无论是挂机还是柜机，均由四部分组成：制冷系统、电控系统、通风系统、箱体系统。制冷系统由于知识点较多，因此单设一节进行说明。

1. 主要部件安装位置

① 挂式空调器室内机主要部件　室内机主要部件见图1-13。

制冷系统：蒸发器。

电控系统：电控盒（包括主板、变压器、环温和管温传感器等）、显示板组件、步进电机。

通风系统：室内风机、贯流风扇、轴套、上下和左右导风板。

辅助部件：接水盘。

② 挂式空调器室外机主要部件　室外机主要部件见图1-14。

制冷系统：压缩机、冷凝器、毛细管、四通阀、过冷管组。

电控系统：室外风机电容、压缩机电容。

通风系统：室外风机（轴流电机）、轴流风扇。

辅助部件：电机支架。

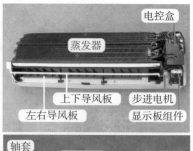
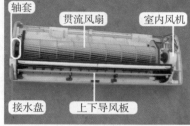

图 1-13　室内机主要部件

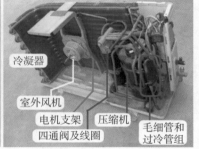

图 1-14　室外机主要部件

2. 电控系统

电控系统相当于"大脑"，用来控制空调器的运行，一般使用微电脑（MCU）控制方式，具有遥控、正常自动控制、自动安全保护、故障自诊断和显示、自动恢复等功能。

电控系统主要部件见图1-15，通常由主板、遥控器、变压器、环温和管温传感器、室内风机、步进电机、压缩机、室外风机、四通阀线圈等组成。

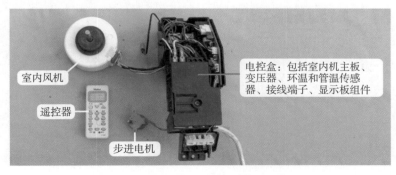

图 1-15　电控系统

3. 通风系统

为了保证制冷系统的正常运行而设计，作用是强制使空气流过冷凝器或蒸发器，加速热交换的进行。

① 挂式空调器室内机通风系统　室内机通风系统见图1-16，使用贯流式通风系统，包括贯流风扇和室内风机，作用是将蒸发器产生的冷量（或热量）及时输送到室内，降低或加热房间温度。

贯流风扇由叶轮、叶片、轴承等组成，轴向尺寸很宽，风扇叶轮直径小，呈细长圆筒状，特点是转速高、噪声小；左侧使用轴套固定，右侧连接室内风机。

室内风机产生动力驱动贯流风扇旋转，早期多为2速或3速的抽头电机，目前通常使用带霍尔反馈功能的PG电机，只有部分高档的定频和变频空调器使用直流电机。

贯流风扇叶片采用向前倾斜式，见图1-17，气流沿叶轮径向流入，贯穿叶轮内部，然后沿径向从另一端排出，房间空气从室内机顶部和前部的进风口吸入，产生一定的流量和压力，经过蒸发器降温或加热后，从出风口吹出。

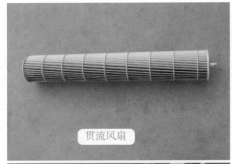

贯流风扇

室内风机：早期为抽头电机，目前为PG电机

图 1-16　贯流风扇和室内风机

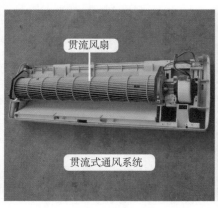

贯流风扇

贯流式通风系统

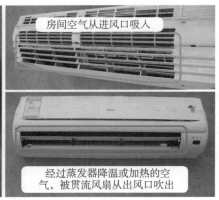

房间空气从进风口吸入

经过蒸发器降温或加热的空气，被贯流风扇从出风口吹出

图 1-17　贯流式通风系统

② 柜式空调器室内机通风系统　室内机通风系统见图1-18，使用离心式通风系统，包括离心风扇和室内风机，作用和挂式空调器相同，将蒸发器产生的冷量（或热量）及时输送到室内，降低或加热房间温度。

离心风扇

室内风机：2速、3速、4速抽头电机

图 1-18　离心风扇和室内风机

离心风扇由叶片、叶轮、轮圈和轴承等组成，结构紧凑，风量大，噪声比较低，而且随着转速的下降，噪声也明显下降，叶轮材质主要采用ABS塑料，作用是将室内的空气吸入，再由离心风扇叶轮压缩后，经蒸发器冷却或加热，提高压力并沿风道送向室内。

室内风机产生动力驱动离心风扇旋转，通常使用2速、3速、4速的抽头电机，只有部分高档的定频和变频空调器使用直流电机。

离心风扇叶片通常为向前倾斜式，见图1-19，均匀排列在两个轮圈之间，室内风机运行时带动离心风扇高速旋转，在扇叶的作用下产生离心力，中心形成负压区，使气流沿轴向吸入风扇内，然后沿轴向朝四周扩散，为使气流定向排出，在离心风扇的外面装有泡沫涡壳，在涡壳的引导下，气流沿出风口流出。

图1-19 离心式通风系统

③ 室外机通风系统 室外机通风系统见图1-20，使用轴流式通风系统，包括轴流风扇和室外风机，作用是为冷凝器散热。

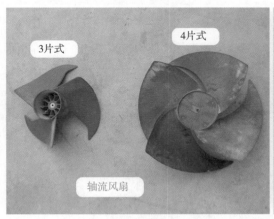

图1-20 轴流风扇和室外风机

轴流风扇结构简单，叶片一般为2片、3片、4片、5片，使用ABS塑料注塑成形，特点是效率高、风量大、价格低、省电，缺点是风压较低、噪声较大。

定频空调器室外风机通常使用单速电机，变频空调器通常使用2速、3速的抽头电机，只有部分高档的定频和变频空调器使用直流电机。

见图1-21，轴流风扇运行时进风侧压力低，出风侧压力高，空气始终沿轴向流动，将冷凝器中散发的热量强制吹到室外。

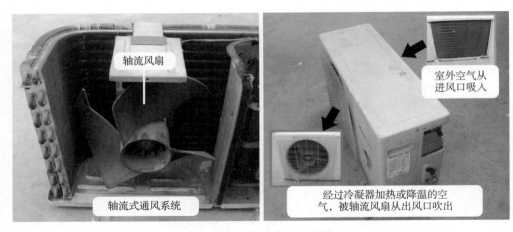

图 1-21　轴流式通风系统

4. 箱体系统

箱体系统是空调器的骨骼。图1-22为挂式空调器室内机组的箱体系统（即底座），所有部件均放置在箱体系统上，根据空调器设计不同外观会有所变化。

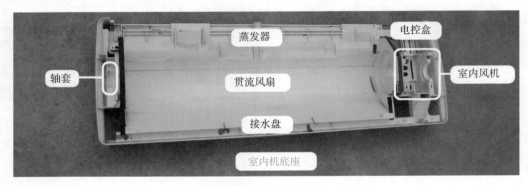

图 1-22　室内机底座

图1-23为室外机底座，冷凝器、室外风机固定支架、压缩机等部件均安装在室外机底座上面。

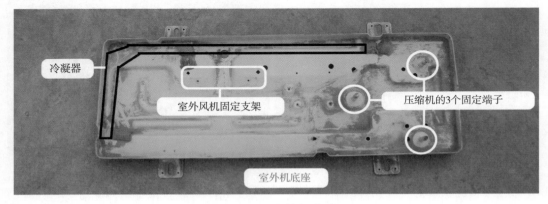

图 1-23　室外机底座

制冷系统维修基础

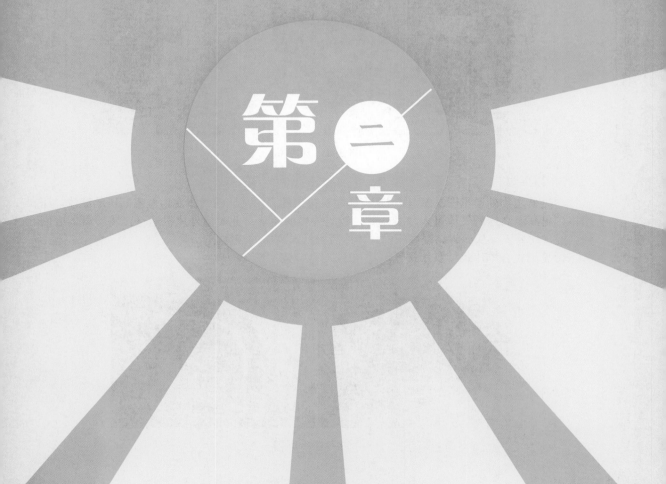

第二章

第一节　主要部件

一、制冷系统

单冷空调器的制冷系统由压缩机、冷凝器、毛细管、蒸发器组成，称为制冷系统四大部件。

1. 压缩机

压缩机是制冷系统的心脏，将低温低压的气体压缩成为高温高压的气体，由电机和压缩部分组成。电机通电后运行，带动压缩部分工作，使吸气管吸入的低温低压制冷剂气体变为高温高压气体。

常见类型有三种：活塞式、旋转式、涡旋式。实物外形见图2-1。活塞式压缩机常见于老式柜式空调器中，通常为三相供电，现在已经很少使用；旋转式压缩机大量使用在1P~3P的挂式或柜式空调器中，通常使用单相供电，是目前最常见的压缩机；涡旋式压缩机使用在3P及以上柜式空调器中，通常使用三相供电，由于不能反向运行，使用此类压缩机的空调器室外机设有相序保护电路。

活塞式　　旋转式　　涡旋式

图2-1　压缩机

2. 冷凝器

冷凝器实物外形见图2-2，作用是将压缩机排出的高温高压的气体变为低温高压的液体。压缩机排出高温高压的气体进入冷凝器后，吸收外界的冷量，此时室外风机运行，将冷凝器表面的高温排向外界，从而将高温高压的气体冷凝为低温高压的液体。

常见形式有单片式、双片式等。

双片式冷凝器

冷凝器

图2-2　冷凝器

3. 节流元件

① 毛细管　毛细管由于价格低及性能稳定，在定频空调器和变频空调器中大量使用，安装位置和实物外形见图2-3。

毛细管的作用是将低温高压的液体变为低温低压的液体。从冷凝器排出的低温高压液体进入毛细管后，由于管径突然变小并且较长，因此从毛细管排出的液体的压力已经很低，由于压力与温度成正比，此时制冷剂的温度也较低。

图 2-3　毛细管

② 电子膨胀阀　部分空调器使用电子膨胀阀作为节流元件，安装位置和实物外形见图2-4，相对于毛细管，具有精确调节、制冷剂流量控制范围大等优点，但由于价格高，且需要配备室外机主板，因此应用在部分高档定频空调器或变频空调器中。

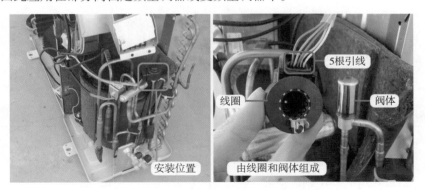

图 2-4　电子膨胀阀

4. 蒸发器

蒸发器实物外形见图2-5，作用是吸收房间内的热量，降低房间温度。工作时毛细管排出的液体进入蒸发器后，低温低压的液体蒸发吸热，使蒸发器表面温度很低，室内风机运行，将冷量输送至室内，降低房间温度。

根据外观不同，常见形式有直板式、二折式、三折式等。

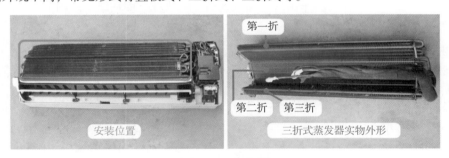

图 2-5　蒸发器

5. 制冷循环

单冷空调器制冷循环见图2-6，来自室内机蒸发器的低温低压制冷剂气体被压缩机吸入压缩成高温高压气体，排入室外机冷凝器，通过轴流风扇的作用，与室外的空气进行热交换而成为低温高压的制冷剂液体，经过毛细管的节流降压、降温后进入蒸发器，在室内机的贯流风扇作用下，吸收房间内的热量（即降低房间内的温度）而成为低温低压的制冷剂气体，再被压缩机压缩，制冷剂的流动方向为A→B→C→D→E→F→G→A，如此周而复始地循环达到制冷的目的。制冷系统主要位置压力和温度见表2-1。

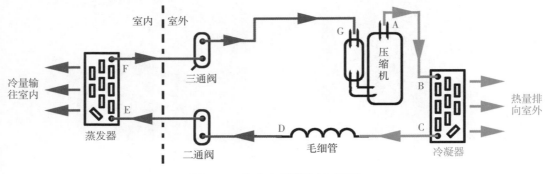

图 2-6　单冷空调器制冷循环

 图中红线表示高温管路，蓝线表示低温管路。

▼ 表 2-1　　　　　　　　　　制冷系统主要位置压力和温度

代号和位置		状态	压力	温度
A：压缩机排气管		高温高压气体	2.0MPa	约90℃
B：冷凝器进口		高温高压气体	2.0MPa	约85℃
C：冷凝器出口（毛细管进口）		低温高压液体	2.0MPa	约35℃
D：毛细管出口	E：蒸发器进口	低温低压液体	0.45MPa	约7℃
F：蒸发器出口	G：压缩机吸气管	低温低压气体	0.45MPa	约5℃

二、制热系统

在单冷空调器的制冷系统中增加四通阀，即可组成冷暖空调器的制冷系统，此时系统既可以制冷，又可以制热。但在实际应用中，为提高制热效果，又增加了过冷管组（单向阀和辅助毛细管）。

1. 四通阀组件

四通阀组件实物外形见图2-7，作用是转换制冷剂（即冷媒R22或R410A）在制冷系统中的流向，由四通阀和线圈组成。

四通阀共有4根管子，辨认方法如下：一侧只有1根管子，另一侧有3根管子。一侧只有1根管子接压缩机排气管，有3根管子一侧的中间管子接压缩机吸气管，靠近线圈一侧的管子接冷凝器，最后1根管子接三通阀铜管。

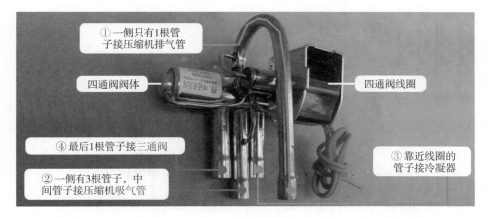

图 2-7　四通阀组件

（1）制冷循环

见图2-8，在夏天制冷时，线圈不通电，①（接压缩机排气管）和③（接冷凝器进气管）相通，②（接压缩机吸气管）和④（接三通阀铜管）相通，此时制冷系统制冷剂流动方向和单冷空调器相同，制冷剂的流动方向为A→①→③→B→C→D→E→F→④→②→G→A。

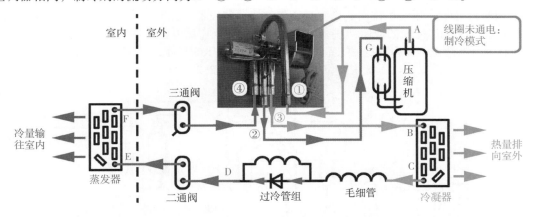

图 2-8　冷暖空调器制冷循环（1）

由图2-9可知，压缩机排出的高温高压气体进入冷凝器向外散出热量，成为低温高压的液体；进入蒸发器的制冷剂为低温低压的液体，吸收房间的热量（即将冷量输往室内）后变为低温低压的气体经四通阀到压缩机吸气管，完成制冷循环。制冷循环时系统主要位置压力和温度见表2-1。

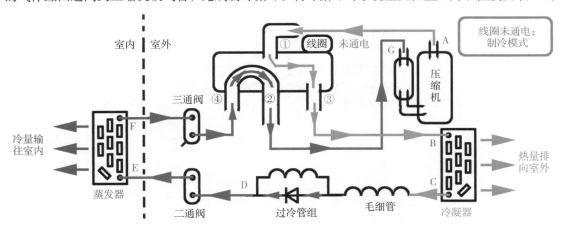

图 2-9　冷暖空调器制冷循环（2）

（2）制热循环

见图2-10，在冬天制热时，室内机主板输出交流220V电源为四通阀线圈供电，四通阀内部阀块移动，此时①和④相通，②和③相通，制冷剂流动的方向为A→①→④→F→E→D→C→B→③→②→G→A。

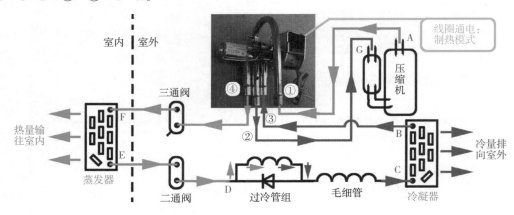

图2-10 冷暖空调器制热循环（1）

由图2-11可知，压缩机排出的高温高压气体进入蒸发器（此时相当于冷凝器），向房间内散出热量，成为低温高压的液体；进入冷凝器（此时相当于蒸发器）的制冷剂为低温低压的液体，吸收室外的热量（即将冷量输往室外）后变为低温低压的气体，经四通阀到压缩机吸气管，完成制热循环。制热循环时系统主要位置压力和温度见表2-2。

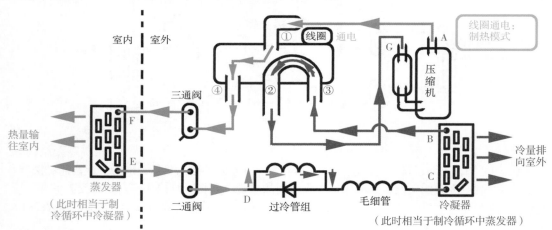

图2-11 冷暖空调器制热循环（2）

▼ 表2-2 　　　　　　　　　　　制热循环时系统主要位置压力和温度

代号和位置	状态	压力/MPa	温度/℃
A：压缩机排气管	高温高压气体	2.2	约80
F：蒸发器进口	高温高压气体	2.2	约70
E：蒸发器出口　D：辅助毛细管进口	低温高压液体	2.2	约50
C：冷凝器进口（毛细管出口）	低温低压液体	0.2	约7
B：冷凝器出口　G：压缩机吸气管	低温低压气体	0.2	约5

2. 单向阀与辅助毛细管（过冷管组）

过冷管组实物外形见图2-12，作用是在制热模式下延长毛细管的长度，降低蒸发压力，蒸发温度也相应降低，能够从室外吸收更多的热量，从而增加制热效果。

单向阀具有单向导通特性，制冷模式下直接导通，辅助毛细管不起作用；制热模式下单向阀截止，制冷剂从辅助毛细管通过，延长毛细管的总长度，从而提高制热效果。

辨认方法：辅助毛细管和单向阀并联，单向阀具有方向之分，带有箭头的一端接二通阀铜管。

（1）制冷模式（见图2-13左图）

制冷剂流动方向为：压缩机排气管→四通阀→冷凝器（①）→单向阀（②）→毛细管（④）→过滤器（⑤）→二通阀（⑥）→连接管道→蒸发器→三通阀→四通阀→压缩机吸气管，完成循环过程。

此时单向阀方向标识和制冷剂流通方向一致，单向阀导通，短路辅助毛细管，辅助毛细管不起作用，由毛细管独自节流。

（2）制热模式（见图2-13右图）

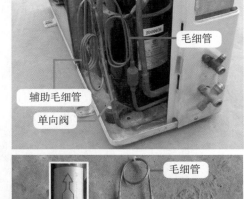

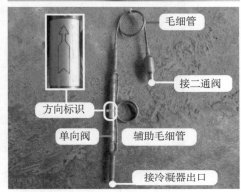

图 2-12 单向阀与辅助毛细管

制冷剂流动方向为：压缩机排气管→四通阀→三通阀→蒸发器（相当于冷凝器）→连接管道→二通阀（⑥）→过滤器（⑤）→毛细管（④）→辅助毛细管（③）→冷凝器出口（①）（相当于蒸发器进口）→四通阀→压缩机吸气管，完成循环过程。

此时单向阀方向标识和制冷剂流通方向相反，单向阀截止，制冷剂从辅助毛细管流过，此时由毛细管和辅助毛细管共同节流，延长了毛细管的总长度，降低了蒸发压力，蒸发温度也相应下降，此时室外机冷凝器可以从室外吸收到更多的热量，从而提高制热效果。

举个例子说，假如毛细管节流后对应的蒸发压力为0℃，那么这台空调器室外温度在0℃以上时，制热效果还可以，但在0℃以下，制热效果则会明显下降；如果毛细管和辅助毛细管共同节流，延长毛细管的总长度后，假如对应的蒸发温度为−5℃，那么这台空调器室外温度在0℃上时，由于蒸发温度低，温差较大，因而可以吸收更多的热量，从而提高制热效果，如果室外温度在−5℃，制热效果和不带辅助毛细管的空调器在0℃时基本相同，这说明辅助毛细管工作后减少了的空调器对温度的限制范围。

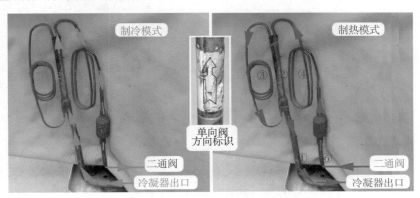

图 2-13 过冷管组组件制冷和制热循环过程

一、缺氟分析

空调器常见漏氟部位见图2-14。

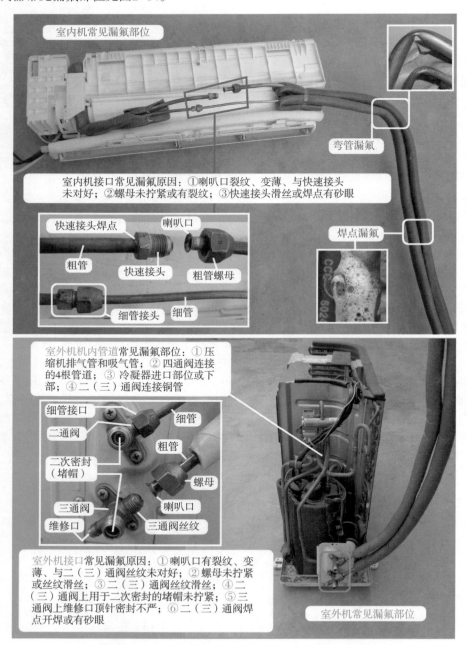

室内机常见漏氟部位

弯管漏氟

室内机接口常见漏氟原因：①喇叭口裂纹、变薄、与快速接头未对好；②螺母未拧紧或有裂纹；③快速接头滑丝或焊点有砂眼

焊点漏氟

快速接头焊点 喇叭口
粗管
快速接头 粗管螺母
细管接头 细管

室外机机内管道常见漏氟部位：①压缩机排气管和吸气管；②四通阀连接的4根管道；③冷凝器进口部位或下部；④二（三）通阀连接铜管

细管接口 细管
二通阀 粗管
二次密封（堵帽） 螺母
三通阀 喇叭口
维修口 三通阀丝纹

室外机接口常见漏氟原因：①喇叭口有裂纹、变薄、与二（三）通阀丝纹未对好；②螺母未拧紧或丝纹滑丝；③二（三）通阀丝纹滑丝；④二（三）通阀上用于二次密封的堵帽未拧紧；⑤三通阀上维修口顶针密封不严；⑥二（三）通阀焊点开焊或有砂眼

室外机常见漏氟部位

图 2-14 制冷系统常见漏氟部位

1. 连接管道漏氟

① 加长连接管道焊点有砂眼，系统漏氟。

② 连接管道本身质量不好有砂眼，系统漏氟。

③ 安装空调器时管道弯曲过大，管道握瘪有裂纹，系统漏氟。

④ 加长管道使用快速接头，喇叭口处理不好而导致漏氟。

2. 室内机和室外机接口漏氟

① 安装或移机时接口未拧紧，系统漏氟。

② 安装或移机时液管（细管）螺母拧得过紧将喇叭口拧脱落，系统漏氟。

③ 多次移机时拧紧松开螺母，导致喇叭口变薄或脱落，系统漏氟。

④ 安装空调器时快速接头螺母与螺丝未对好，拧紧后密封不严，系统漏氟。

⑤ 加长管道时喇叭口扩口偏小，安装后密封不严，系统漏氟。

⑥ 紧固螺母裂，系统漏氟。

3. 室内机漏氟

① 室内机快速接头焊点有砂眼，系统漏氟。

② 蒸发器管道有砂眼，系统漏氟。

4. 室外机漏氟

① 二通阀和三通阀阀芯损坏，系统漏氟。

② 三通阀维修口顶针坏，系统漏氟。

③ 室外机机内管道有裂纹。

二、系统检漏

空调器不制冷或效果不好，检查故障为系统缺氟引起时，在加氟之前要查找漏点并处理。如果只是盲目加氟，由于漏点还存在，空调器还会出现同样故障。在检修漏氟故障时，应先询问用户，空调器是突然出现故障还是慢慢出现故障，检查是新装机还是使用一段时间的空调器，根据不同情况选择重点检查部位。

1. 检查系统压力

关机并拔下空调器电源（防止在检查过程中发生危险），在三通阀维修口接上压力表，观察此时的静态压力。

① 0~0.5MPa：无氟故障，此时应向系统内加注气态制冷剂，使静态压力达到0.6MPa或更高压力，以便于检查漏点。

② 0.6MPa或更高压力：缺氟故障，此时不用向系统内加注制冷剂，可直接用泡沫检查漏点。

2. 检漏技巧

氟R22与压缩机润滑油能互溶，因而氟R22泄漏时通常会将润滑油带出，也就是说制冷系统有油迹的部位就极有可能为漏氟部位，应重点检查。如果油迹有很长的一段，则应检查处于最高位置的焊点或系统管道。

3. 重点检查部位

漏氟故障重点检查部位见图2-15、图2-16、图2-17，具体如下。

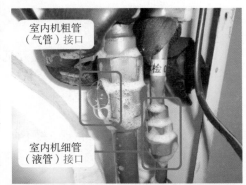

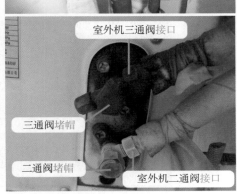

图 2-15　漏氟故障重点检查部位（1）

图 2-16　漏氟故障重点检查部位（2）

图 2-17　漏氟故障重点检查部位（3）

① 新装机（或移机）：室内机和室外机连接管道的4个接头，二通阀和三通阀堵帽，以及加长管道焊接部位。

② 正常使用的空调器突然不制冷：压缩机吸气管和排气管、系统管路焊点、毛细管、四通阀连接管道和根部。

③ 逐渐缺氟故障：室内机和室外机连接管道的4个接头。更换过系统元件或补焊过管道的空调器还应检查焊点。

④ 制冷系统中有油迹的位置。

4. 检漏方法

用水将毛巾（或海绵）淋湿，以不向下滴水为宜，倒上洗洁精，轻揉出大量泡沫，见图2-18，涂在需要检查的部位，观察是否向外冒泡，冒泡说明检查部位有漏氟故障，没有冒泡说明检查部位正常。

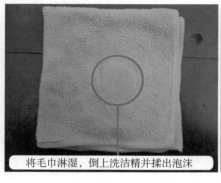

图 2-18　泡沫检漏

空调器维修从入门到精通

5. 漏点处理方法

① 系统焊点漏：补焊漏点。

② 四通阀根部漏：更换四通阀。

③ 喇叭口管壁变薄或脱落：重新扩口。

④ 接头螺母未拧紧：拧紧接头螺母。

⑤ 二、三通阀或室内机快速接头丝纹坏：更换二、三通阀或快速接头。

⑥ 接头螺母有裂纹或丝纹坏：更换连接螺母。

6. 微漏故障检修方法

制冷系统慢漏故障，如果因漏点太小或比较隐蔽，使用上述方法未检查出漏点时，可以使用以下步骤来检查。

（1）区分故障部位

当系统为平衡压力时，接上压力表并记录此时的系统压力值后取下，关闭二通阀和三通阀的阀芯，将室内机和室外机的系统分开保压。

等待一段时间后（根据漏点大小决定），再接上压力表，慢慢打开三通阀阀芯，查看压力表表针是上升还是下降：如果是上升，说明室外机的压力高于室内机，故障在室内机，重点检查蒸发器和连接管道；如果是下降，说明是室内机的压力高于室外机，故障在室外机，重点检查冷凝器和室外机内管道。

（2）增加检漏压力

由于氟的静态压力最高约为1MPa，对于漏点较小的故障部位，应增加系统压力来检查。如果条件具备可使用氮气，氮气瓶通过连接管经压力表，将氮气直接充入空调器制冷系统，静态压力能达到2MPa。

> **危险提示**
>
> 压力过高的氧气遇到压缩机的冷冻油将会自燃导致压缩机爆炸，因此严禁将氧气充入制冷系统用于检漏，切记！

（3）将制冷系统放入水中

如果区分故障部位和增加检漏压力之后，仍检查不到漏点，可将怀疑的系统部分（如蒸发器或冷凝器）放入清水之中，通过观察冒出的气泡来查找漏点。

三、排除空气

空气为不可压缩的气体，系统中如含有空气会使高压、低压上升，增加压缩机的负荷，同时制冷效果也会变差；空气中含有的水分则会使压缩机线圈绝缘下降，缩短其寿命；制冷过程中水分容易在毛细管部位堵塞，形成冰堵故障；因而在更换系统部件（如压缩机、四通阀）或维修由系统铜管产生裂纹导致的无氟故障，焊接完毕后在加氟之前要将系统内的空气排除，常用方法有真空泵抽真空和用氟R22顶空。

1. 真空泵抽真空

真空泵是排除系统空气的专用工具，实物外形见图2-19左图，可使空调器制冷系统内真空度达到−0.1MPa（即−760mmHg）。

真空泵吸气口通过加氟管连接至压力表接口，接口根据品牌不同也不相同，有些为英制接口，有些为公制接口；真空泵排气口则是将吸气口吸入的制冷系统内空气排向室外。

（1）操作步骤

图2-19右图为抽真空时真空泵的连接方法。

使用一根加氟管连接室外机三通阀维修口和压力表，一根加氟管连接压力表和真空泵吸气口，开启真空泵电源，再打开压力表开关，制冷系统内空气便从真空泵排气口排出，运行一段时间（一般需要20min左右）达到真空度要求后，首先关闭压力表开关，再关闭真空泵电源，将加氟管连接至氟瓶并排除加氟管中的空气后，即可为空调器加氟。

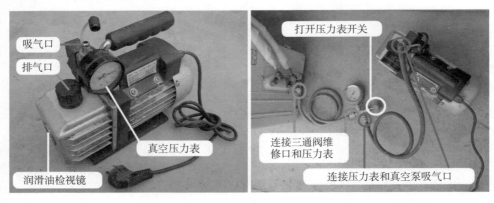

图 2-19　抽真空示意图

抽真空前：见图2-20左图，制冷系统内含有空气和大气压力相等，约等于0MPa。

抽真空后：见图2-20右图，真空泵将制冷系统内空气抽出后，压力约等于-0.1MPa。

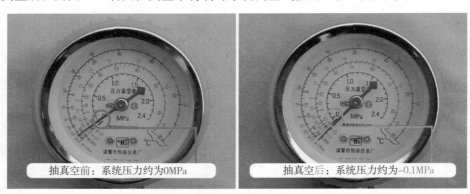

图 2-20　抽真空前后压力表对比

（2）注意事项

① 开启真空泵电源前要保证制冷系统已完全封闭，二、三通阀芯也已完全打开。

② 关闭真空泵电源时要注意顺序：先关闭压力表开关，再关闭真空泵电源。顺序相反时则容易使制冷系统内进入空气。

（3）使用技巧

真空泵运行10min后，室内机蒸发器和连接管道就会达到真空度要求，而室外机冷凝器由于毛细管的阻碍作用还会有少许空气，这时可将压缩机通电3min左右使系统循环，室外机冷凝器便能很快达到真空度要求。

2. 使用氟 R22 顶空

将系统充入氟R22将空气顶出，同样能达到排除空气的目的。

（1）操作步骤

用氟R22顶空操作步骤见图2-21～图2-23。

① 在二通阀处取下细管螺母。

② 在三通阀处拧紧粗管螺母。

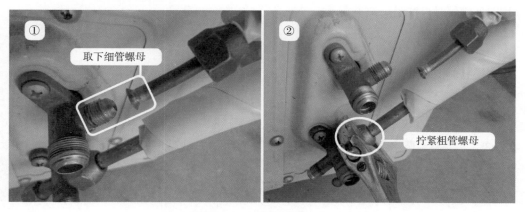

图 2-21　用氟顶空（1）

③ 从三通阀维修口充入氟R22，通过调整压力表开关的开启角度可以调节顶空的压力，避免顶空过程中压力过大。

④ 室外机的空气从二通阀连接口处向外排出，室内机和连接管道的空气从细管喇叭口处向外排出。

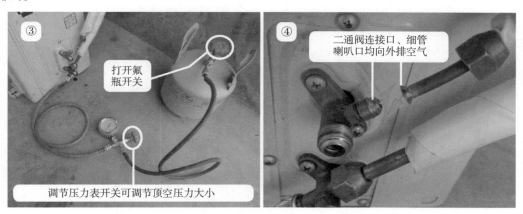

图 2-22　用氟顶空（2）

⑤ 室内机和连接管道的空气排除较快，而室外机有毛细管和压缩机的双重阻碍作用，所以室外机的顶空时间应长于室内机，用手堵住连接管道中细管的喇叭口，此时只有室外机二通阀处向外排空，这样可以减少氟R22的浪费。

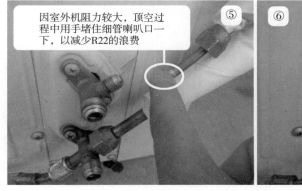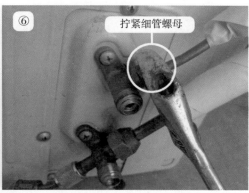

图 2-23　用氟顶空（3）

⑥ 一段时间后将细管螺母连接在二通阀并拧紧，此时系统内空气已排除干净，开机即可为空调器加氟。注意在拧紧细管螺母过程中，应将压力表开关打开一些，使二通阀处和细管喇叭口处均向外排气时再拧紧。

（2）注意事项

① 顶空过程中二、三通阀阀芯全部打开，且不能开启空调器。

② 顶空时间根据经验自己掌握，空调器功率较大时应适当延长时间。

3. 真空泵抽真空和氟 R22 顶空两种方法优缺点比较

比较结果见表2-3。

▼ 表 2-3　　　　　真空泵抽真空与氟 R22 顶空两种方法优缺点比较

比较项目	真空泵抽真空	氟 R22 顶空
优点	操作方法简单，成本较低	不用再携带专用排空工具
缺点	携带不方便	维修成本上升（即浪费R22）
适用场合	固定维修店	上门维修

第三节 加 氟

分体式空调器室内机和室外机使用管道连接，并且可以根据实际情况加长管道，方便了安装，但由于增加了接口部位，导致空调器漏氟的可能性加大。而缺氟是制冷系统中最常见的故障之一，为空调器加氟是最基本的维修技能。

一、加氟前准备

1. 加氟基本工具

（1）制冷剂钢瓶

制冷剂钢瓶俗称氟瓶，实物外形见图2-24，用来存放制冷剂。目前空调器使用的制冷剂有两种，早期和目前通常为R22，而目前新出厂的变频空调器通常使用R410A。为了区分，两种钢瓶的外观颜色设计也不相同，R22钢瓶为绿色，R410A为粉红色。

上门维修通常使用充注量为6kg的R22钢瓶及充注量为13.6kg的R410A铜瓶，6kg钢瓶通常为公制接口，13.6kg或22.7kg钢瓶通常为英制接口，在选择加氟管时应注意。

（2）压力表组件

压力表组件实物外形见图2-25，由三通阀（A口、B口、压力表接口）和压力表组成，作用是测量系统压力。本书将压力表组件简称为压力表。

三通阀A口为公制接口，通过加氟管连接空调器三通阀维修口；三通阀B口为公制接口，通过加氟管可连接氟瓶、真空泵等；压力表接口为专用接口，只能连接压力表。

压力表开关控制三通阀接口的状态。压力表开关处于关闭状态时A口与压力表接口相通，A口与B口断开；压力表开关处于打开状态时A口、B口、压力表接口相通。

压力表无论有几种刻度，只有印有MPa或kgf/cm²的刻度才是压力数值，其他刻度（例如℃）在维修空调器一般不用查看。

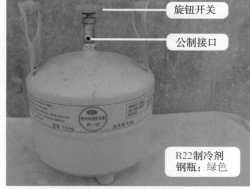

旋钮开关
公制接口
R22制冷剂钢瓶：绿色

旋钮开关
英制接口
R410A制冷剂钢瓶：粉红色

图 2-24　制冷剂钢瓶

说明

$1MPa \approx 10kgf/cm^2$。

第二章　制冷系统维修基础

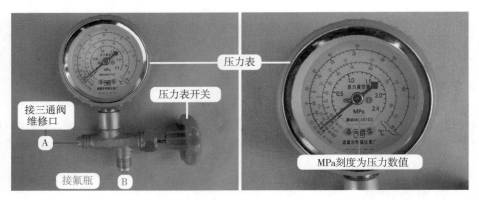

图 2-25　压力表组件

（3）加氟管

加氟管实物外形见图2-26左图，作用是连接压力表接口、真空泵、空调器三通阀维修口、氟瓶、氮气瓶等。一般有2根即可，一根接头为公制-公制，连接压力表和氟瓶；一根接头为公制-英制，连接压力表和空调器三通阀维修口。

公制和英制接头的区别方法见图2-26右图，中间设有分隔环为公制接头，中间未设分隔环为英制接头。

说明

空调器三通阀维修口一般为英制接口，另外加氟管的选取应根据压力表接口（公制或英制）、氟瓶接口（公制或英制）来决定。

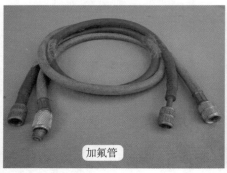
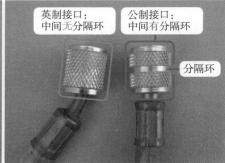

图 2-26　加氟管

（4）转换接头

转换接头实物外形见图2-27左图，转换接头的作用是作为搭桥连接，常见有公制转换接头和英制转换接头。

见图2-27中图和右图，例如加氟管一端为英制接口，而氟瓶为公制接头，不能直接连接。使用公制转换接头可解决这一问题，转换接头一端连接加氟管的英制接口，一端连接氟瓶的公制接头，使英制接口的加氟管通过转换接头连接到公制接头的氟瓶。

2. 加氟方法

图2-28为加氟管和三通阀的顶针。

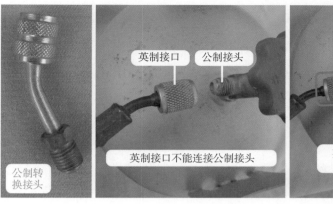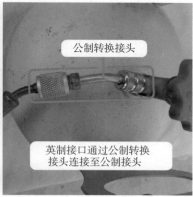

图 2-27　转换接头和作用

图 2-28　加氟管和三通阀维修口顶针

加氟操作步骤见图2-29。

① 首先关闭压力表开关，将带顶针的加氟管一端连接三通阀维修口，此时压力表显示系统压力；空调器未开机时为静态压力，开机后为系统运行压力。

② 另外一根加氟管连接压力表和氟瓶，空调器制冷模式开机，压缩机运行后，观察系统运行压力，如果缺氟，打开氟瓶开关和压力表开关，由于氟瓶的氟压力高于系统运行压力，位于氟瓶的氟进入空调器制冷系统，即为加氟。

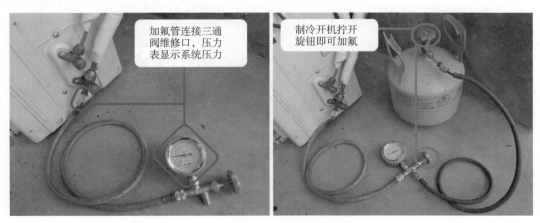

图 2-29　加氟示意图

二、制冷模式下加氟方法

本小节所示电流值以1P空调器室外机电流（即压缩机和室外风机电流）为例，正常电流约为4A。

1. 缺氟标志

制冷模式下系统缺氟标志见图2-30、图2-31，具体数据如下。

① 二通阀结霜。

② 蒸发器结霜。

③ 系统压力低，低于0.35MPa。

④ 运行电流小。

⑤ 蒸发器温度分布不均匀，前半部分凉，后半部分是温的。

⑥ 室内机出风口吹风温度不均匀，一部分凉，一部分是温的。

⑦ 冷凝器温度上部是温的，中部和下部接近常温。

⑧ 二通阀结露，三通阀温度为常温。

⑨ 室外侧水管无冷凝水排出。

图 2-30　制冷缺氟标志（1）

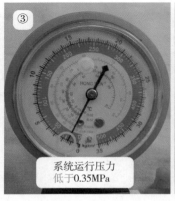 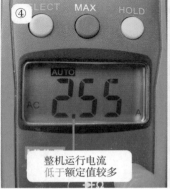 

图 2-31　制冷缺氟标志（2）

2. 快速判断空调器缺氟的经验

① 二通阀结露，三通阀温度是温的，手摸蒸发器一半凉，一半温，室外机出风口吹出风不热。

② 二通阀结霜，三通阀温度是温的，室外机出风口吹出的风不热。

说明

以上两种情况均能大致说明空调器缺氟，具体原因还是接上压力表、电流表根据测得的数据综合判断。

3. 加氟技巧

① 接上压力表和电流表，同时监测系统压力和电流进行加氟，当氟加至0.45MPa左右时，再用手摸三通阀温度，如低于二通阀温度则说明系统内氟充注量已正常。

② 制冷系统管路有裂纹导致系统无氟引起不制冷故障，或更换压缩机后系统需要加氟时，如果开机后为液态加注，则压力加到0.35MPa时应停止加注，将空调器关闭，等3～5min系统压力平衡后再开机运行，根据运行压力再决定是否需要补氟。

4. 正常标志（开机制冷 20min 后）

制冷模式下系统正常标志见图2-32～图2-34，具体数据如下。

① 系统压力为0.45MPa左右。

② 运行电流等于或接近额定值。

③ 二、三通阀均结露。

④ 三通阀温度冰凉，并且低于二通阀温度。

⑤ 蒸发器表面全部结露，手摸整体温度较低并且均匀。

⑥ 冷凝器上部热、中部温、下部为常温，室外机出风口同样为上部热、中部温、下部接近自然风。

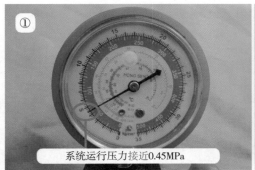
系统运行压力接近0.45MPa

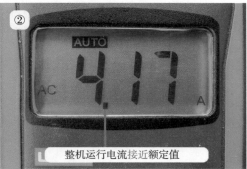
整机运行电流接近额定值

图 2-32　制冷正常标志（1）

三通阀结露
二通阀结露

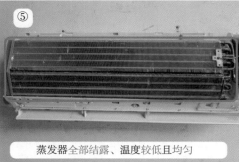
蒸发器全部结露、温度较低且均匀

图 2-33　制冷正常标志（2）

⑦ 室内机出风口吹出温度较低，并且均匀。正常标准为室内房间温度（即进风口温度）减去出风口温度应大于9℃。

⑧ 室外侧水管有冷凝水流出。

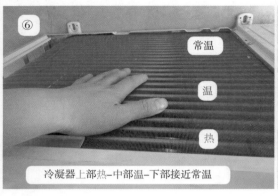
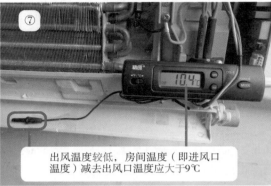

冷凝器上部热-中部温-下部接近常温

出风温度较低，房间温度（即进风口温度）减去出风口温度应大于9℃

图 2-34　制冷正常标志（3）

5. 快速判断空调器正常的技巧

三通阀温度较低，并且低于二通阀温度；蒸发器全面结露并且温度较低；冷凝器上部热、中部温、下部接近常温。

6. 加氟过量的故障现象

① 制冷系统压力较高。

② 二通阀温度为常温，三通阀温度凉。

③ 室外机出风口吹出风温度较热，明显高于正常温度，此现象接近于冷凝器脏堵。

④ 室内机出风口温度较高，且随着运行压力上升也逐渐上升。

三、制热模式下加氟方法

1. 缺氟标志

制热模式下系统缺氟标志见图2-35～图2-37，具体数据如下。

① 三通阀温度较高（烫手），二通阀温度略高于常温。

② 室内风机在系统运行很长时间才能运行，并且时转时停。

③ 系统运行压力低，且随室内风机时转时停上下变化。

④ 运行电流小于额定值，且随室内风机时转时停上下变化。

⑤ 冷凝器结霜不均匀，只有很窄范围内的一部分结霜。

⑥ 蒸发器前半部分热，后半部分略高于常温。

⑦ 室内机出风口温度低，略高于房间温度。

2. 快速判断制热模式下缺氟的技巧

二通阀温度是温的，室内风机在系统运行很长时间才开始运行并且时转时停，室内机出风口温度不高。

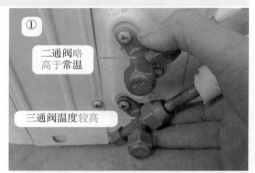

二通阀略高于常温

三通阀温度较高

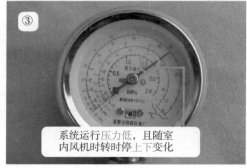

系统运行压力低，且随室内风机时转时停上下变化

图 2-35　制热缺氟标志（1）

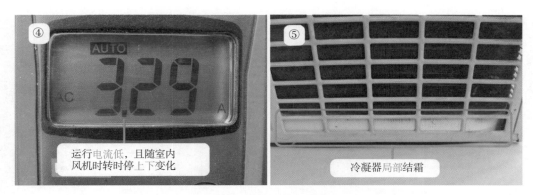

运行电流低，且随室内风机时转时停上下变化

冷凝器局部结霜

图 2-36 制热缺氟标志（2）

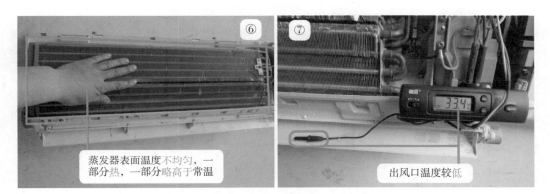

蒸发器表面温度不均匀，一部分热，一部分略高于常温

出风口温度较低

图 2-37 制热缺氟标志（3）

3. 加氟技巧

① 由于制热运行时系统压力较高，应在开机之前将压力表连接完毕。在连接压力表时，手上应戴上胶手套（或塑料袋），防止喷出的氟将手冻伤，维修完毕取下压力表时，不允许在制热运行时取下，建议转换到制冷模式后再取下压力表。

② 系统加氟时需要转换到制冷模式，可以直接拔下四通阀线圈的零线，但在操作过程中要注意安全。

③ 运行压力较高，判断为系统内加氟过多时，可以直接将氟放至氟瓶内，以免浪费。

4. 正常标志

制热模式下系统正常标志见图2-38～图2-40，具体数据如下。

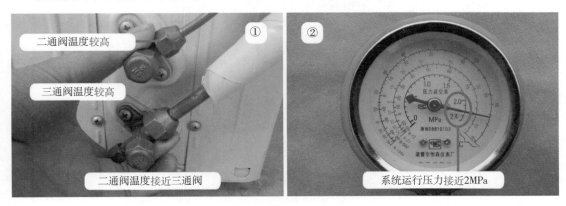

二通阀温度较高

三通阀温度较高

二通阀温度接近三通阀

系统运行压力接近2MPa

图 2-38 制热正常标志（1）

图 2-39　制热正常标志（2）

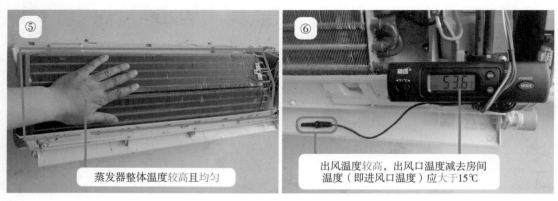

图 2-40　制热正常标志（3）

① 二通阀和三通阀的温度均较高。

② 系统运行压力接近2MPa。

③ 运行电流接近额定值。

④ 运行一段时间后冷凝器全部结霜。

⑤ 蒸发器温度较高并且均匀。

⑥ 室内机出风口温度较高，正常标准为出风口温度减去房间温度（即进风口温度）应大于15℃。

⑦ 室内风机一直运行不再时转时停。

⑧ 运行50min左右能自动进入除霜模式。

⑨ 房间温度上升较快。

5. 快速判断制热正常技巧

二通阀温度较高，蒸发器温度较高并且均匀，室内机出风口温度较高。

6. 加氟过量的故障现象

① 三通阀烫手，二通阀常温。

② 室内吹风为温风，蒸发器表面温度不高（加氟过量时室内机出风口温度反而下降）。

③ 系统压力较高，运行电流较大。

第四节　收氟和排空

移机、更换连接配管、焊接蒸发器之前，都要对空调器进行收氟，操作完成后要对系统排空，收氟和排空是制冷系统维修中最常用的技能之一，本节对此进行详细讲解。

一、收氟

收氟即回收制冷剂，将室内机蒸发器和连接管道的制冷剂回收至室外机冷凝器的过程，是移机或维修蒸发器、连接管道前的一个重要步骤。收氟时必须将空调器运行在制冷模式下，且压缩机正常运行。

1. 开启空调器方法

如果房间温度较高（夏季），则可以用遥控器直接选择制冷模式，温度设定到最低16℃即可。

如果房间温度较低（冬季），应参照图2-41，选择以下两种方法其中的一种。

① 用温水加热（或用手捏住）室内环温传感器探头，使之检测温度上升，再用遥控器设定制冷模式开机收氟。

② 制热模式下在室外机接线端子处取下四通阀线圈引线，强制断开四通阀线圈供电，空调器即运行在制冷模式下。注意：使用此种方法一定要注意用电安全，可先断开引线再开机收氟。

温水加热环温传感器探头

取下四通阀线圈引线

图 2-41　强制制冷开机的两种方法

> 某些品牌的空调器，待机状态如按压"应急按钮（开关）"按键超过 5s，也可使空调器运行在应急制冷模式下。

2. 收氟操作步骤

收氟操作步骤见图2-42～图2-44。

① 取下室外机二通阀和三通阀的堵帽。

② 用内六方扳手关闭二通阀阀芯，蒸发器和连接管道的制冷剂通过压缩机排气管储存在室外机的冷凝器之中。

③ 在室外机（主要指压缩机）运行约40s后（本处指1P空调器运行时间），关闭三通阀阀芯。如果对时间掌握不好，可以在三通阀维修口接上压力表，观察压力回到负压范围内时再快速关闭三通阀阀芯。

④ 压缩机运行时间符合要求或压力表指针回到负压范围内时，快速关闭三通阀阀芯。

⑤ 遥控器关机，拔下电源插头，在室外机接口处使用扳手取下连接管道中气管（粗管）和液管（细管）螺母。

⑥ 使用胶布封闭接口，防止管道内进入水分或脏物。

⑦ 如果需要拆除室外机，在室外机接线端子处取下室内外机连接线，再取下室外机底脚螺栓后即可。

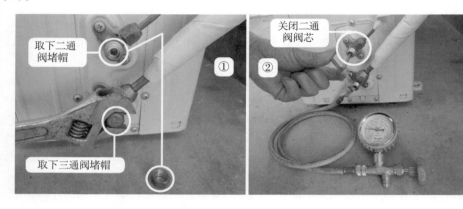

图 2-42　收氟操作步骤（1）

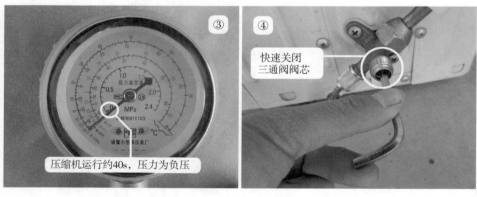

图 2-43　收氟操作步骤（2）

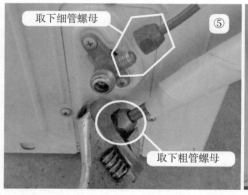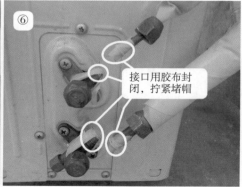

图 2-44　收氟操作步骤（3）

二、排空

排空是指空调器新装机或移机时安装完毕后，将室内机蒸发器和连接管道内空气排出的过程，操作步骤见图2-45～图2-47。

说明

排空完成后要用肥皂泡沫检查接口，防止出现漏氟故障。

① 将液管（细管）螺母接在二通阀上并拧紧。
② 将气管（粗管）螺母接在三通阀上但不拧紧。

图2-45　排空操作步骤（1）

③ 用内六方扳手将二通阀阀芯逆时针旋转打开90°，存在冷凝器内的制冷剂气体将室内机蒸发器、连接管道内的空气从三通阀螺母处排出。
④ 约30s后拧紧三通阀螺母。

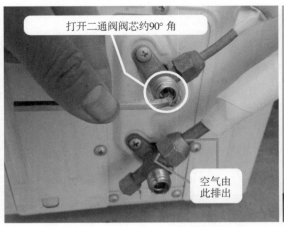
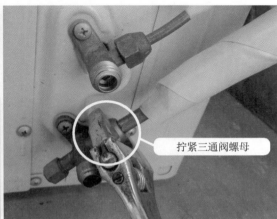

图2-46　排空操作步骤（2）

⑤ 用内六方扳手完全打开二通阀和三通阀阀芯。

⑥ 安装二通阀和三通阀堵帽并拧紧。

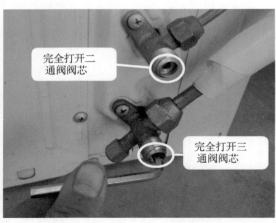
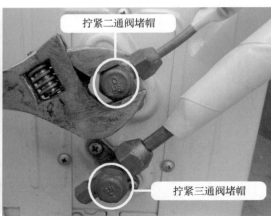

完全打开二通阀阀芯

完全打开三通阀阀芯

拧紧二通阀堵帽

拧紧三通阀堵帽

图 2-47　排空操作步骤（3）

电控系统主要元件

第三章

第一节 电气元件

一、接收器

1. 安装位置

显示板组件通常安装在前面板或室内机的右下角，美的KFR-26GW/DY-B（E5）空调器显示板组件使用指示灯＋数码管的方式，见图3-1，安装在前面板，前面板留有透明窗口，称为接收窗，接收器对应安装在接收窗后面。

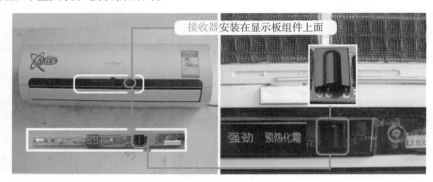

图 3-1　安装位置

2. 实物外形和工作原理

（1）实物外形

早期接收器见图3-2，接收器内部含有光敏元件（接收二极管），通过接收窗口接收某一频率范围的红外线，当接收到相应频率的红外线，接收二极管产生电流，经内部I-V集成电路转换为电压，再经过滤波、比较器输出脉冲电压、内部三极管电平转换，接收器的输出引脚输出脉冲信号送至CPU处理。接收器接收距离一般大于7m。

图 3-2　接收器组成

接收器实现光电转换，将确定波长的光信号转换为可检测的电信号，因此又叫光电转换器。由于接收器接收的是红外光波，其周围的光源、热源、节能灯、日光灯及发射相近频率的电视机遥控器等都有可能干扰空调器的正常工作。

（2）工作原理

目前接收器通常为一体化封装，工作电压为直流5V，共有3个引脚，功能分别为地、电源（5V）、输出（信号），外观为黑色，部分型号表面有铁皮包裹，通常和发光二极管（或LED显示屏）一起设计在显示板组件。常见接收器型号为38B、38S、1838（见图3-6中图）、0038（见图3-7中图）。

3. 引脚功能判断方法

在维修时如果不知道接收器引脚功能，见图3-3，可查看显示板组件上滤波电容的正极和负极引脚、连接至接收器引脚加以判断：滤波电容正极连接接收器供电（电源）引脚、负极连接地引脚，接收器的最后一个引脚为输出（信号）。

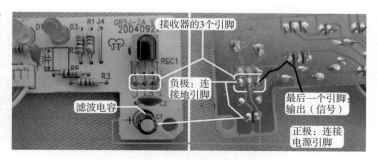

图 3-3　接收器引脚功能判断方法

4. 接收器检测方法

接收器在接收到遥控信号（动态）时，输出端由静态电压会瞬间下降至约直流3V，然后再迅速上升至静态电压。遥控器发射信号时间约1s，接收器接收到遥控信号时输出端电压也有约1s的时间瞬间下降。

使用万用表直流电压挡，见图3-4，动态测量接收器输出引脚电压，黑表笔接地引脚（GND）、红表笔接输出引脚（OUT），检测的前提是电源引脚（5V）电压正常。

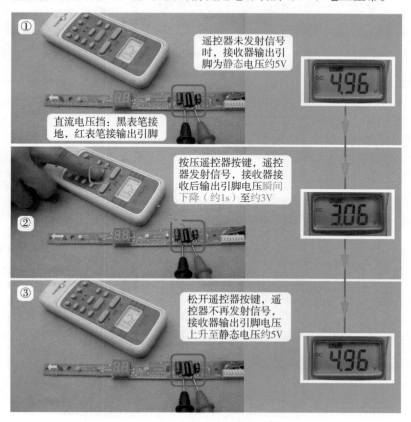

图 3-4　动态测量接收器输出引脚电压

① 接收器输出引脚为静态电压：在无信号输入时电压应稳定约为5V。如果电压一直在2～4V跳动，为接收器漏电损坏，故障表现为有时接收信号有时不能接收信号。

② 按压按键遥控器发射信号，接收器接收并处理，输出引脚电压瞬间下降（约1s）至约3V。如果接收器接收信号时，输出引脚电压不下降即保持不变，为接收器不接收遥控信号故障，应更换接收器。

③ 松开遥控器按键，遥控器不再发射信号，接收器输出引脚电压上升至静态电压约5V。

5. 常见故障维修方法

出现不能接收遥控信号故障，在维修中占到很大比例，为空调器通病，故障一般使用3年左右出现，原因为某些型号的接收器使用铁皮固定，并且引脚较长，在天气潮湿时，接收器受潮，3个引脚发生氧化锈蚀，使接收导电能力变差，导致不能接收遥控信号故障。

实际上门维修时，如果用螺丝刀把轻轻敲击接收器表面或用烙铁加热接收器引脚，见图3-5，均能使故障暂时排除，但不久还会再次出现故障。根本解决方法为更换接收器，并且在引脚上面涂上一层绝缘胶，使引脚不与空气接触，目前新出厂空调器的接收器引脚已涂上绝缘胶。

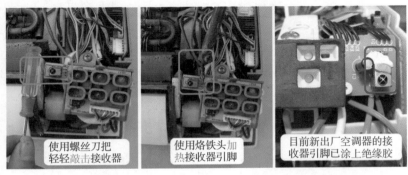

图 3-5　接收器涂胶部位和应急修理方法

6. 接收器代换方法

0038和1838两种型号接收器的作用都是将遥控器信号处理后送至CPU，在实际维修过程中，如果检查接收器损坏而无相同配件更换时，可以使用另外的型号代换，两种接收器功能引脚顺序不同，在代换时要更改顺序，方法如下。

① 使用0038接收器的显示板组件用1838代换：将1838接收器引脚掰弯，按功能顺序焊入显示板组件，代换过程见图3-6。

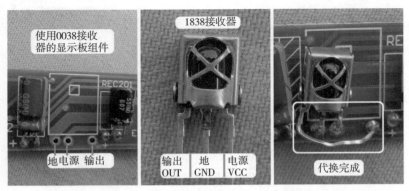

图 3-6　使用 0038 接收器的显示板组件用 1838 代换

② 使用1838接收器的显示板组件用0038代换：将0038接收器引脚掰弯，按功能顺序焊入显示板组件，代换过程见图3-7。

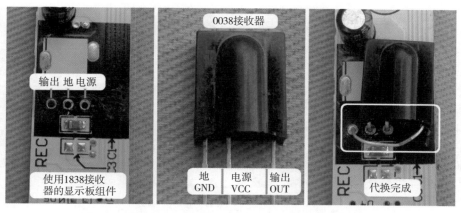

图 3-7　使用 1838 接收器的显示板组件用 0038 代换

二、传感器

1. 传感器特性

空调器使用的温度传感器为负温度系数的热敏电阻，负温度系数是指温度上升时其阻值下降，温度下降时其阻值上升。

以美的空调器使用型号为25℃/10kΩ的管温传感器为例，测量在降温（15℃）、常温（25℃）、加热（35℃）的三个温度下传感器的阻值变化情况。

① 图3-8左图为降温（15℃）时测量传感器阻值，实测为16.1kΩ。

② 图3-8中图为常温（25℃）时测量传感器阻值，实测为10kΩ。

③ 图3-8右图为加热（35℃）时测量传感器阻值，实测为6.4kΩ。

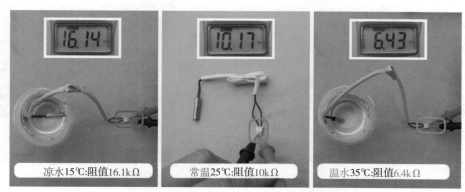

图 3-8　降温 - 常温 - 加热测量传感器阻值

2. 检查传感器

空调器常用的传感器有25℃/5kΩ、25℃/10kΩ、25℃/15kΩ三种型号，检查其是否损坏前应首先判断使用的型号，再测量阻值。

室外机压缩机排气传感器使用型号通常为 25℃/65kΩ，不在本节叙述之列。

（1）查找传感器分压电阻

由于不同厂家使用的传感器型号不同，实际维修时可以从偏置电阻（即分压电阻）的阻值来判断（分压电阻阻值与传感器25℃时的阻值一般相同）。

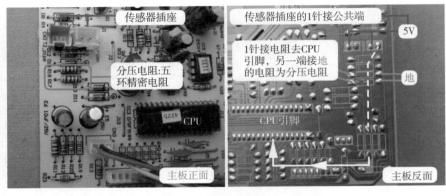

图3-9　查找传感器分压电阻

分压电阻位于传感器插座附近，见图3-9，通常使用5道色环的精密电阻，表面为绿色。2个2针的传感器插座，其中的1针连在一起接公共端直流5V，另外1针接电阻去CPU引脚，如果电阻的另一端接地，那么这个电阻即为分压电阻。

说明

如果传感器插座公共端接地，则分压电阻的另一端接直流5V。

（2）三种常用传感器的分压电阻阻值

① 图3-10为25℃/5kΩ传感器使用的分压电阻：阻值通常为4.7kΩ或5.1kΩ，在大多数空调器中使用，代表品牌有海信空调器等。

② 图3-11为25℃/10kΩ传感器使用的分压电阻：阻值通常为10kΩ或8.1（8.06）kΩ，代表品牌有格兰仕、美的空调器等。

③ 图3-12为25℃/15kΩ传感器使用的分压电阻：阻值通常为15kΩ或20kΩ，代表品牌有科龙、海尔、三洋空调器等。

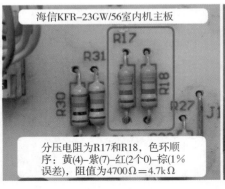
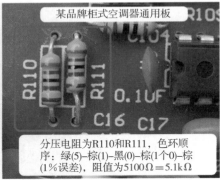

图 3-10　25℃/5kΩ 传感器使用的分压电阻

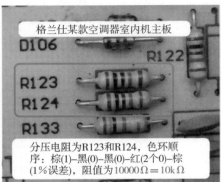
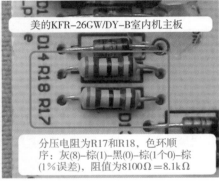

图 3-11　25℃/10kΩ 传感器使用的分压电阻

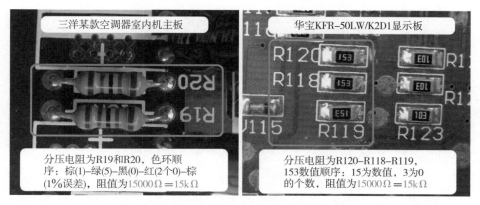

三洋某款空调器室内机主板	华宝KFR-50LW/K2D1显示板
分压电阻为R19和R20，色环顺序：棕(1)-绿(5)-黑(0)-红(2个0)-棕(1%误差)，阻值为15000Ω=15kΩ	分压电阻为R120-R118-R119，153数值顺序：15为数值，3为0的个数，阻值为15000Ω=15kΩ

图 3-12　25℃/15kΩ 传感器使用的分压电阻

（3）测量传感器阻值

使用万用表电阻挡，常温测量传感器阻值，结果应与所测量传感器型号在25℃时阻值接近，如结果接近无穷大或接近0Ω，则传感器为开路或短路故障。

① 如环境温度低于25℃，测量结果会大于标称阻值；反之如环境温度高于25℃，则测量结果会低于标称阻值。

② 测量管温传感器时，如空调器已经制冷（或制热）一段时间，应将管温传感器从蒸发器检测孔抽出并等待约1min，使表面温度接近环境温度再测量，防止蒸发器表面温度影响检测结果而造成误判。

③ 阻值应符合负温度系数热敏电阻变化的特点，即温度上升阻值下降，如温度变化时阻值不作相应变化，则传感器有故障。

三、压缩机和室外风机电容

1. 安装位置

由于压缩机和室外风机设在室外机，压缩机电容和室外风机电容也设在室外机，见图3-13，并且安装在室外机专门设计的电控盒内。

图 3-13　安装位置

2. 主要参数

电容主要参数见图3-14。

① 容量：由压缩机或室内外风机的功率决定，即不同的功率选用不同容量的电容。常见使用的规格见表3-1。

▼ 表 3-1 　　　　　　　　常见电容使用规格

挂式室内风机电容容量：1 ~ 2.5 μF	柜式室内风机电容容量：2.5 ~ 5 μF
室外风机电容容量：2 ~ 6 μF	压缩机电容容量：20 ~ 70 μF

② 耐压：由于工作在交流（AC）电源且电压为220V，因此电容的耐压值通常为交流450V（450V AC）。

③ CBB61（65）：为无极性的聚丙烯薄膜交流电容器，具有稳定性好、耐冲击电流、过载能力强、损耗小、绝缘电阻高等优点。

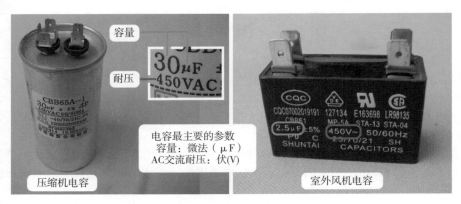

图 3-14　主要参数

3. 综述

① 英文符号：风机电容FAN CAP、压缩机电容COMP CAP。

② 作用：压缩机与室外风机在启动时使用。单相电机通入电源时，首先对电容充电，使电机启动绕组中的电流超前运行绕组90°，产生旋转磁场，电机便运行起来。

③ 特点：由于为无极性的电容，因此2组接线端子的作用是相同的，使用时没有正负之分。

④ 表3-2为空调器制冷量与压缩机启动电容容量的大致对应关系。

▼ 表 3-2 　　　　制冷量与压缩机启动电容容量的对应关系

1P（制冷量2500W）：25 μF	1.5P（制冷量3500W）：35 μF
2P（制冷量5000W）：50 μF	3P（制冷量7000W）：70 μF

⑤ 风机转速快慢跟电容容量无关系，决定风机转速的是线圈极数，如通过增加电容容量来增加风机转速的想法是不可取的，并且容易因过热损坏风机线圈，极数与每分钟转速（r/min）对应关系见表3-3。

▼ 表 3-3 　　　　　　风机线圈极数与转速对应关系

2极：2900 r/min	4极：1450 r/min
6极：950 r/min	8极：720 r/min

⑥ 更换风机电容、压缩机电容时要根据原电容容量和耐压值选用。耐压值一般为交流450V，容量误差应为原容量的20%以内，如相差太多，则容易损坏电机。

46

4. 电容接线端子

（1）室外风机电容接线端子

由于室外机通常未设主板，由室内机主板供电，因此室外风机和压缩机的引线使用接线端子连接，相对应的室外风机电容上方设有2组接线端子，每组均为2片端子。使用万用表电阻挡测量接线端子时，阻值约为0Ω，说明2片接线端子在内部是相通的。

（2）压缩机电容接线端子

压缩机电容上方设有2组接线端子，见图3-15，1组为4片，1组为2片；为4片的接线端子功能：接室外机接线端子上零线（N）、接压缩机运行绕组（R）、接室外风机线圈使用的零线（N）、接四通阀线圈使用的零线（N）；只有2片的1组只使用1片，接压缩机启动绕组（S）。

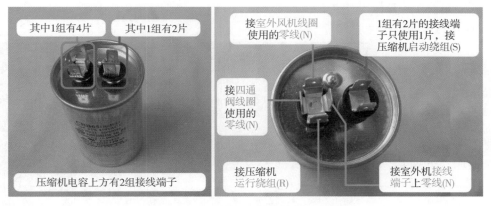

图 3-15　压缩机电容接线端子功能

> 如果室外风机或四通阀线圈使用的零线（N），连接至室外机接线端子上的零线（N），则压缩机电容只连接2根引线，即室外机接线端子上零线（N）和压缩机运行绕组（R）。

（3）压缩机电容和室外风机电容合为一体

示例电容标有"4/25"，实物外形见图3-16，表示压缩机电容为25μF，室外风机电容为4μF。

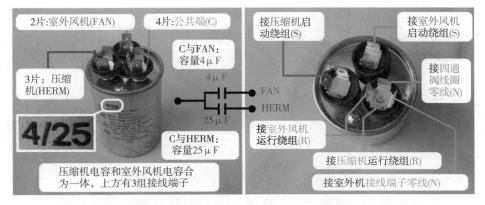

图 3-16　压缩机电容和室外风机电容合为一体的电容实物外形

上方设有3组接线端子：1组为4片，标有"C"，表示为公共端；1组为3片，标有"HERM"，表示为压缩机；1组为2片，标有"FAN"，表示为室外风机。

C与HERM为压缩机电容接线端子，容量25μF，C与FAN为室外风机电容接线端子，容量4μF。

标有"C"的端子功能：接室外机接线端子零线（N）、接压缩机运行绕组（R）、接室外风机运行绕组（R）、接四通阀线圈使用的零线（N）。标有"HERM"的端子功能：接压缩机启动绕组（S）。标有"FAN"的端子功能：接室外风机启动绕组（S）。

原配此类的电容常见于LG等品牌空调器，维修时如果购买不到此类配件，可使用25μF电容和4μF电容共2个电容代换。

如果空调器原配压缩机电容使用常规的2组接线端子，损坏后所购买的配件为压缩机电容和室外风机电容合为一体的电容，则维修时只使用标有"C"和"HERM"的2组接线端子，标有"FAN"的接线端子不再使用。

5. 检查方法

（1）根据外观判断（压缩机电容）

如果电容底部发鼓，见图3-17，放在桌面（平面）上左右摇晃，则说明电容无容量损坏，可直接更换。正常的电容底部平坦，放在桌面上很稳。

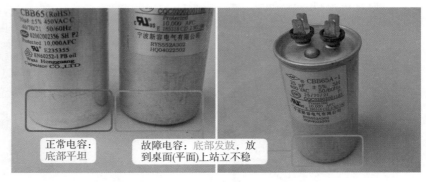

图 3-17　观察法（目测底部发鼓）检测电容

如电容底部发鼓，肯定损坏，可直接更换；如电容底部平坦，也不能证明肯定为正常，应使用其他方法检测或进行代换。

（2）充放电法

将电容的接线端子接上2根引线，见图3-18，通入交流电源（220V）约1s对电容充电，拔出电源后短接引线两端对电容放电。根据放电声音判断故障：声音很响，电容正常；声音微弱，容量减少；无声音，电容已无容量。

图 3-18　充放电法（耳听放电声音）检测电容

使用充放电法在操作时一定要注意安全。

（3）万用表检测

由于普通万用表不带电容容量检测功能，使用电阻挡测量容易引起误判，因此选用带有电容容量检测功能的万用表或专用仪表来检测容量。

选用某品牌的VC97型万用表，最大检测容量为200μF，特点是如检测为无极性电容，使用万用表表笔就可以直接检测；而不像其他品牌或型号的部分万用表，需要将电容接上引线，再插入专用的检测孔才能检测。

检测时将万用表拨到电容挡，断开空调器电源，拔下压缩机电容的2组端子上引线，见图3-19，使用2个表笔直接测量2个端子，以电容容量为30μF为例，实测容量为30.1μF，说明被测电容正常。

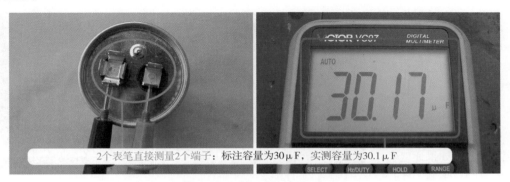

2个表笔直接测量2个端子：标注容量为30μF，实测容量为30.1μF

图3-19　万用表测量电容容量

6. 电容并联

在维修过程中，如果检测电容损坏，而所带配件没有相同容量的电容，可利用电容串联或并联接法，使容量与检修空调器的容量相匹配，此处以2个容量均为30μF的压缩机电容为例，说明电容并联后的容量变化关系。

见图3-20，使用2根引线，将2个电容的接线端子并联，使用万用表电容挡测量并联后的总容量约59μF（30+30），说明电容并联后总容量为单个电容的标注容量之和，即电容容量越并越大。

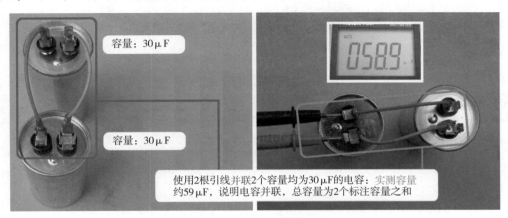

容量：30μF

容量：30μF

使用2根引线并联2个容量均为30μF的电容：实测容量约59μF，说明电容并联，总容量为2个标注容量之和

图3-20　电容并联

四、四通阀线圈

1. 安装位置

四通阀设在室外机，因此四通阀线圈也设计在室外机，见图3-21，线圈在四通阀上面套着，取下固定螺钉，可发现四通阀线圈共有2根蓝色的引线。

2. 综述

① 英文符号：4V、VALVE。

② 线圈得到供电，产生的电磁力移动四通阀内部衔铁，在两端压力差的作用下，带动阀芯移动，从而改变制冷剂在制冷系统中的流向，使系统根据使用者的需要工作在制冷或制热模式。

③ 四通阀线圈不在四通阀上面套着时，不能向线圈通电；如果通电会发出很强的"嗡嗡"声，容易损坏线圈。

3. 使用万用表电阻挡测量四通阀线圈阻值

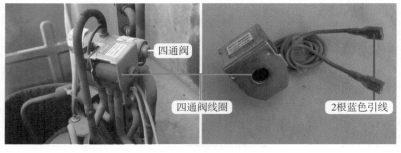

图 3-21 安装位置和实物外形

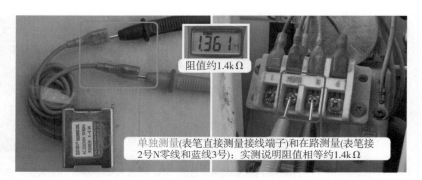

图 3-22 测量线圈阻值

① 在室外机接线端子处测量：见图3-22右图，定频空调器接线端子上共有5根引线，1根为N零线公共端、1根接压缩机、1根接室外风机、1根接四通阀线圈、1根接地线。将万用表的1支表笔接N零线公用端，一支表笔接室外机接线端子上的蓝线（本机为3号），实测阻值约为1.4kΩ。

② 取下四通阀线圈单独测量：见图3-22左图，表笔直接测量2个接线端子，实测阻值和在室外机接线端子上测量相等，约为1.4kΩ。

4. 常见故障

四通阀线圈常见故障见表3-4。

▼ 表 3-4　　　　　　　　　　　　　四通阀线圈常见故障

故障现象	故障原因	检测数据	维修措施
四通阀不能换向	线圈开路	万用表电阻挡测量线圈阻值为无穷大	更换四通阀线圈
四通阀工作几分钟后突然换向	线圈受热后阻值变为无穷大	万用表电阻挡测量线圈阻值刚开始正常，几分钟后变为无穷大	

第二节 电 机

一、步进电机

1. 实物外形

示例步进电机型号为28BYJ48，见图3-23，供电电压为直流12V，共有5根引线，驱动方式为4相8拍。

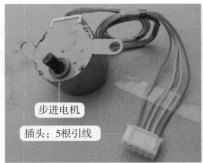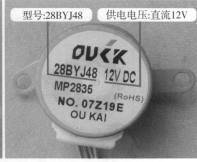

步进电机

插头：5根引线

型号:28BYJ48　供电电压:直流12V

图 3-23　实物外形

2. 内部构造

步进电机内部构造见图3-24，由外壳、定子（包含线圈）、转子、变速齿轮、输出接头、连接引线、插头等组成。

3. 辨别公共端引线

步进电机共有5根引线，示例电机的颜色分别为红、橙、黄、粉、蓝。其中1根为公共端，另外4根为线圈接驱动控制，更换时需要将公共端与室内机主板插座的直流12V相对应，常见辨别方法有使用万用表测量引线阻值和观察室内机主板步进电机插座。

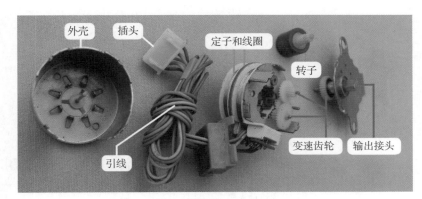

外壳　插头　定子和线圈　转子

引线　变速齿轮　输出接头

图 3-24　内部构造

（1）使用万用表测量引线阻值

① 测量阻值　使用万用表电阻挡，见图3-25，逐个测量引线之间阻值，共有2组阻值，187Ω和374Ω，且374Ω为187Ω的2倍。

阻值：374Ω

阻值：187Ω

红

187Ω

橙

187Ω

黄

187Ω

粉

187Ω

蓝

步进电机线圈接线图

图 3-25　引线阻值

187Ω 和374Ω 只是示例电机阻值，其他型号的步进电机阻值会不相同，但只要符合倍数关系即为正常。

② **找出公共端**　测量5根引线，当一表笔接1根不动，另一表笔接另外4根引线，阻值均为187Ω时，那么这根引线即为公共端。

实测示例电机引线，见图3-26，红与橙、红与黄、红与粉、红与蓝的阻值均为187Ω，说明红线为公共端。

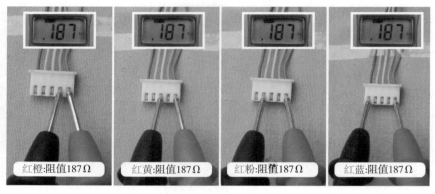

图 3-26　找出公共端引线

公共端引线通常位于插头的最外侧位置。

③ **测量线圈引线阻值**　4根接驱动控制的引线之间阻值，应为公共端与4根引线阻值的2倍。见图3-27，实测蓝与粉、蓝与黄、蓝与橙、粉与黄、粉与橙、黄与橙阻值相等，均为374Ω。

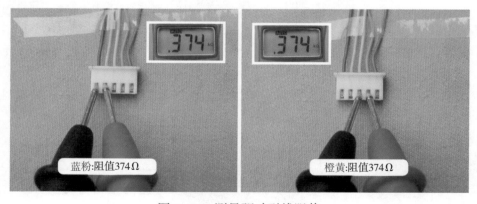

图 3-27　测量驱动引线阻值

（2）观察室内机主板步进电机插座

将步进电机插头插在室内机主板插座上，见图3-28，观察插座的引线连接元件。引线接直流12V，对应的引线为公共端；其余4根引线接反相驱动器，对应引线为线圈。

接直流12V的引线为公共端

反向驱动器

接反相驱动器的引线为线圈

图 3-28　根据插座引针连接部位判断引线功能

二、室外风机

1. 作用

室外风机安装在室外机左侧的固定支架上面，见图1-20，作用是驱动轴流风扇，制冷模式下，吸收室外自然风为冷凝器散热，因此室外风机也称为"轴流电机"。

2. 实物外形和铭牌主要参数

示例电机使用在美的KFR-51LW/DY-GC（E5）空调器中，实物外形见图3-29左图，单一风速，共有3根引线。

图3-29右图为铭牌参数含义，型号为YDK48-6H，主要参数：工作电压交流220V、频率50Hz、功率60W、6极、额定电流0.49A、B级绝缘、堵转电流（LRA）0.78A。

说明

绝缘等级（CLASS）按电机所用的绝缘材料允许的极限温度划分，B级绝缘指电机采用材料的绝缘耐热温度为130℃。

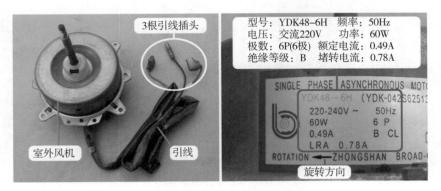

3根引线插头

室外风机　引线

型号：YDK48-6H　频率：50Hz
电压：交流220V　功率：60W
极数：6P(6极)　额定电流：0.49A
绝缘等级：B　堵转电流：0.78A

SINGLE PHASE ASYNCHRONOUS MOTO
YDK48-6H (YDK-042S62513
220-240V~　50Hz
60W　6 P
0.49A　B CL
LRA 0.78A
ROTATION　ZHONGSHAN BROAD-
旋转方向

图 3-29　实物外形和铭牌含义

3. 工作原理

室外风机使用电容感应式电机，内含2个绕组：启动绕组和运行绕组，2个绕组在空间上相差90°。在启动绕组上串联了一个容量较大的电容器，当运行绕组和启动绕组通过单相交流电时，由于电容器作用使启动绕组中的电流在时间上比运行绕组的电流超前90°角，先到达最大值。在时间和空间上形成两个相同的脉冲磁场，使定子与转子之间的气隙中产生了一个旋转磁场，在旋转磁场的作用下，电机转子中产生感应电流，电流与旋转磁场互相作用产生电磁场转矩，使电机旋转起来。

4. 室外风机构造

此处以海尔KFR-32GW/Z2空调器室外风机为例，电机型号KFD-50K，4极，34W。

（1）内部构造

内部构造见图3-30，室外风机由上盖、转子组件（包含轴、转子、上轴承和下轴承）、定子组件（包含定子、线圈、连接引线和插头）、下盖组成。

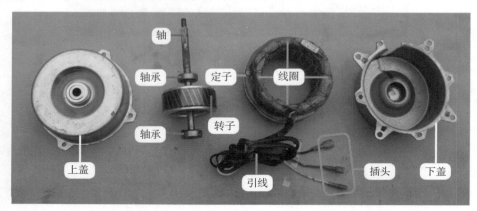

图 3-30　内部构造

（2）温度保险

温度保险直接固定在线圈表面，见图3-31，保护温度为130℃，当由于某种原因（堵转或线圈短路等），引起室外风机线圈温度超过130℃，温度保险断开保护，由于串接在公共端引线，因此开路后室外风机由于停止供电而不再运行。温度保险为铁壳封装，固定在线圈表面上时外壳设有塑料套。

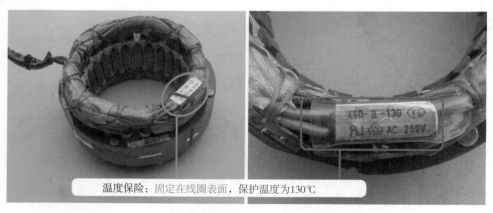

温度保险：固定在线圈表面，保护温度为130℃

图 3-31　温度保险

（3）线圈和极数

线圈由铜线按规律编绕在定子槽里面，整个线圈分为2个绕组，见图3-32左图，位于外侧的线圈为运行绕组，位于内侧的线圈为启动绕组。

电机极数的定义：通俗的解释为，在定子的360°（即1圈）由几组线圈组成，那么此电机就为几极电极。见图3-32右图，示例电机在1圈内由4组线圈组成，那么此电机即为4极电机，无论启动绕组还是运行绕组，1圈内均由4组线圈组成。极数均为偶数，2个极（N极和S极）组成1个磁极对数。

由电机的极数可决定转速，每分钟转速n（r/min）=秒数×电源频率÷磁极对数，示例电机为4极，共2个磁极对数，理论转速为60s × 50Hz ÷ 2=1500r/min，减去阻力等因素，实际转速约1450r/min。6极电机理论转速为1000r/min，实际转速约950r/min。压缩机使用2极电机，理论转速3000r/min，实际转速约2900r/min。

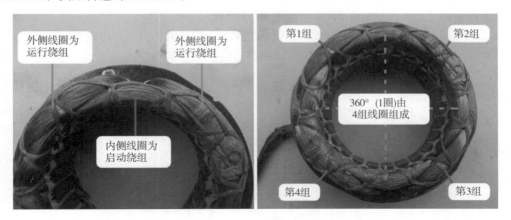

图3-32　线圈和极数

5. 线圈引线作用辨认方法

常见有三种方法，即根据室外风机引线实际所接元件、使用万用表电阻挡测量线圈引线阻值、查看电机铭牌。

（1）根据铭牌标识判断线圈引线功能

室外风机电机铭牌除了标有主要参数，还标有电机引线功能即接线方式，见图3-33，黑线只接电源为公共端（C）、红线接电源和电容为运行绕组（R）、蓝线只接电容启动绕组（S）。

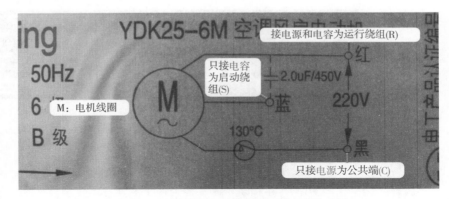

图3-33　根据铭牌标识判断线圈引线功能

（2）根据实际接线判断引线功能

见图3-34，室外风机共有3根引线：只接室外机接线端子上电源L端，引线为公共端（C）；接电容和电源N端，引线为运行绕组（R）；只接电容，引线为启动绕组（S）。

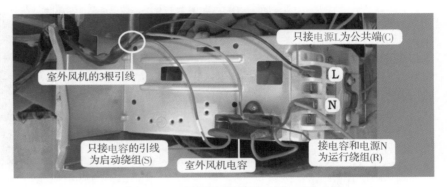

图3-34　根据实际接线判断引线功能

（3）使用万用表电阻挡测量线圈引线阻值

使用单相交流220V供电的电机，内设的运行绕组和启动绕组在实际绕制铜线时，见图3-35，由于运行绕组起主要旋转作用，使用的线径较粗，且匝数少，因此阻值小一些；而启动绕组只起启动的作用，使用的线径较细，且匝数多，因此阻值大一些。

每个绕组共有2个接头，因此2个绕组共有4个接头，但在电机内部，将运行绕组和启动绕组的一端连接一起作为公共端，只引出1根引线，因此电机共引出3根引线。

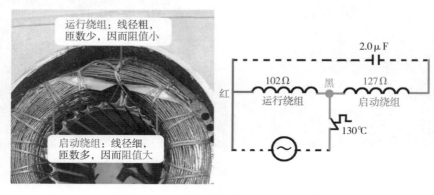

图 3-35　引线线径和室外风机接线图

① 测量3根引线阻值。逐个测量室外风机的3根引线阻值，会得出3次不同的结果，见图3-36，YDK48-6H电机实测阻值依次为229Ω、102Ω、127Ω，其中最大阻值229Ω为启动绕组＋运行绕组的总数，最小阻值102Ω为运行绕组阻值，127Ω为启动绕组阻值。

图 3-36　室外风机线圈的 3 次阻值

测量室外风机线圈阻值时，应当用手扶住轴流扇叶再测量，可以防止扇叶转动、电机产生感应电动势干扰万用表显示数据。

② 找出公共端。在最大的阻值229Ω中，见图3-37，表笔接的引线为启动绕组和运行绕组，空闲的一根引线为公共端（C），本机为黑线。

③ 找出运行绕组和启动绕组。一支表笔接公共端，另一只表笔测量另外2根

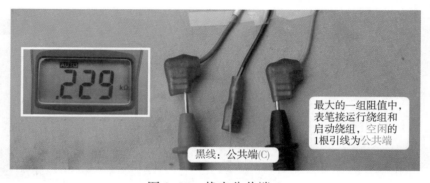

图 3-37　找出公共端 C

 空调器维修从入门到精通

引线阻值，阻值小的引线为运行绕组（R），见图3-38，本机为红线；阻值大的引线为启动绕组（S），见图3-39，本机为蓝线。

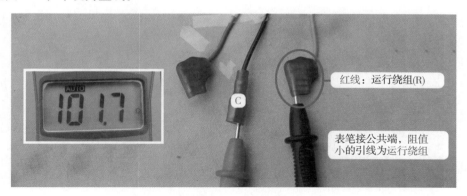

图 3-38　找出运行绕组 R

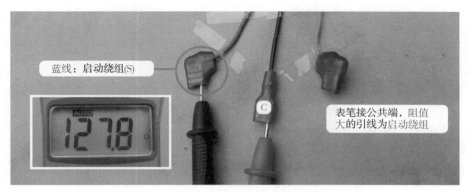

图 3-39　找出启动绕组 S

④ 如电机功率较小，常见在20W以下时，有些型号的电机实测运行绕组阻值大、启动绕组阻值小。

三、室内风机

本小节室内风机指挂式空调器上所使用。

1. 安装位置

室内风机安装在室内机右侧，见图1-16，室内风机旋转时驱动贯流风扇运行，从而吸入房间内空气至室内机，经蒸发器降低温度后以一定的风速和流量吹出，来降低房间温度。

2. 常用型式

室内风机常见有三种型式。

① 抽头电机：实物外形见图3-40，通常使用在早期空调器，目前很少使用，交流220V供电。

② PG电机：实物外形见图3-42左图，使用在目前的全部定频空调器、交流变频空调器、直流变频空调器之中，是使用最广泛的型式，交流220V供电。

③ 直流风机：实物外形见图3-41，使用在全直流变频空调器或高档定频空调器，直流300V供电。

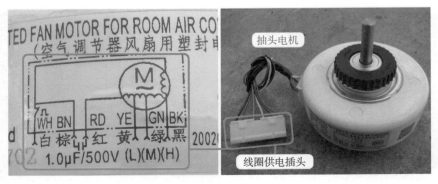

图 3-40　抽头电机

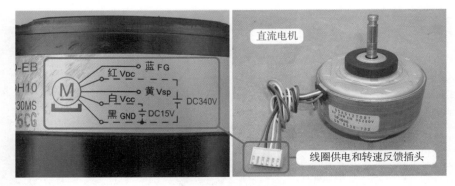

图 3-41　直流电机

3. PG 电机

（1）实物外形和主要参数

图3-42左图为PG电机实物外形，使用交流220V供电，最主要的特征是内部设有霍尔元件，在运行时输出代表转速的霍尔信号，因此共有2个插头，大插头为线圈供电，使用交流电源，作用是使PG电机运行；小插头为霍尔反馈，使用直流电源，作用是输出代表转速的霍尔信号。

图3-42右图为PG电机主要参数，示例电机由威灵生产，型号为RPG25M，使用在1P～1.5P挂式空调器。主要参数：工作电压交流220V、频率50Hz、功率15W、额定电流0.2A、4极、E级绝缘。

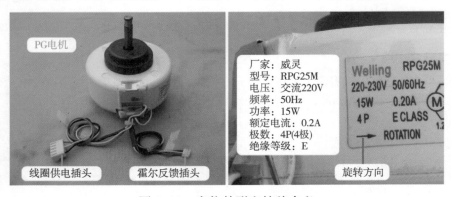

图 3-42　实物外形和铭牌含义

绝缘等级按电机所用的绝缘材料允许的极限温度划分，E级绝缘指电机采用材料的绝缘耐热温度为120℃。

（2）内部构造

内部构造见图3-43，PG电机由定子（包含引线和线圈供电插头）、转子（包含磁环和上下轴承）、霍尔电路板（包含引线和霍尔反馈插头）、上盖和下盖、上部和下部的减振胶圈组成。

PG电机一般为塑封电机，所谓"塑封"电机，是指使用高强度塑料将线圈（铜线）、定子、外壳浇注为一体，从外面看不到线圈，线圈的引线从专用豁口穿出。

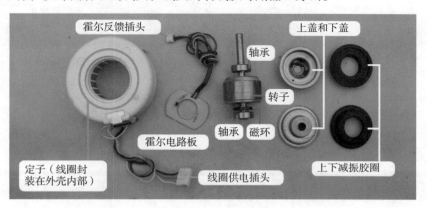

图 3-43　内部构造

（3）温度保险

由于线圈被密封在外壳内部，见图3-44，温度保险固定在电机表面，检测电机外壳的温度，保护值为110℃。当电机外壳温度超过保护值后，温度保险断开，因串接在线圈的公共端供电回路，所以PG电机也停止工作。

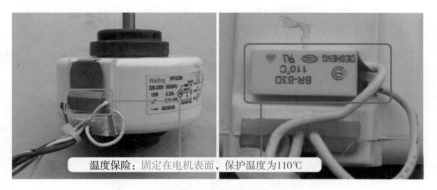

图 3-44　温度保险

4. PG电机引线辨认方法

常见有三种方法，即根据室内机主板PG电机插座所接元件、使用万用表电阻挡测量线圈引线阻值、查看PG电机铭牌。

（1）根据主板插座引针特点判断线圈引线功能

将PG电机线圈供电插头插在室内机主板上面，见图3-45，查看插座引针所接元件：引针接晶闸管（俗称可控硅），对应引线为公共端（C）；引针接电容和电源N端，对应引线为运行绕组

（R）；引针只接电容，对应引线为启动绕组（S）。

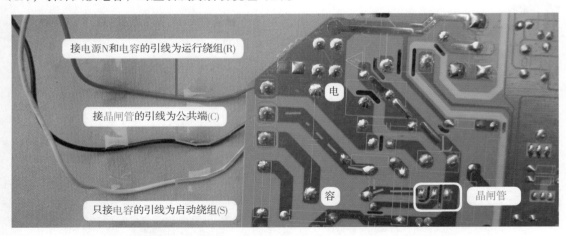

图 3-45　根据主板插座引针特点判断线圈引线功能

（2）使用万用表电阻挡测量线圈引线阻值

逐个测量PG电机的3根引线阻值，会得出3次不同的结果，见图3-46，威灵RPG25M电机实测阻值依次为569Ω、251Ω、318Ω，其中运行绕组阻值为251Ω，启动绕组阻值为318Ω，启动绕组＋运行绕组的阻值为569Ω。

图 3-46　PG 电机线圈的 3 次阻值

① 找出公共端。在最大的阻值569Ω中，见图3-47，表笔接的引线为启动绕组和运行绕组，空闲的一根引线为公共端（C），本机为黑线。

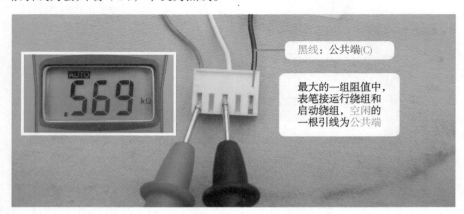

图 3-47　找出公共端 C

② 找出运行绕组和启动绕组。一支表笔接公共端，另一支表笔测量另外2根引线阻值，阻值小的引线为运行绕组（R），见图3-48，本机为红线；阻值大的引线为启动绕组（S），见图3-49，本机为白线。

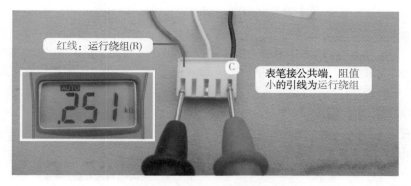

图 3-48　找出运行绕组 R

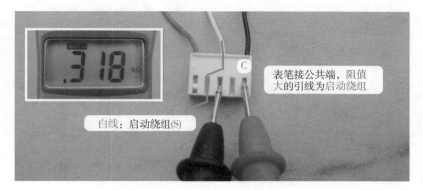

图 3-49　找出启动绕组 S

（3）查看电机铭牌

铭牌标有电机的各种信息，见图3-50，包括主要参数及引线颜色和作用。PG电机设有2个插头，因此设有2组引线，电机线圈使用M表示，霍尔电路板使用FG表示，各有3根引线。

电机线圈：黑色（BLACK）引线只接交流电源，为公共端（C）；红色（RED）引线接交流电源和电容，为运行绕组（R）；白色（WHITE）引线只接电容，为启动绕组（S）。

霍尔电路板：茶色（TAWNY）引线为Vcc，直流供电正极，供电电压通常为直流5V或12V；黑线为GND，直流供电公共端地；白线为Vout，霍尔信号输出。

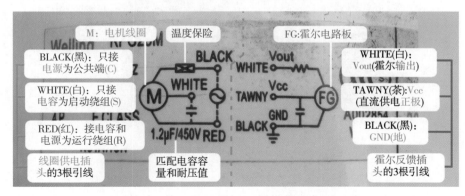

图 3-50　根据铭牌标识判断线圈引线功能

四、压缩机

压缩机是制冷系统的心脏，由电机部分和压缩部分组成。电机通电后运行，带动压缩部分工作，使吸气管吸入的低温低压制冷剂气体变为高温高压气体。

常见压缩机的形式主要有活塞式、旋转式、涡旋式。活塞式主要应用在早期的三相供电的柜式空调器，目前已不再使用；涡旋式压缩机主要应用在目前的三相供电的3P或5P柜式空调器；最常见的形式为旋转式，一般只要是单相交流220V供电的空调器，压缩机均使用旋转式，因此本节介绍内容以旋转式压缩机为主。

1. 安装位置

压缩机安装室外机右侧，见图3-51，固定在室外机底座，其中压缩机接线端子连接电控系统，吸气管和排气管连接制冷系统。

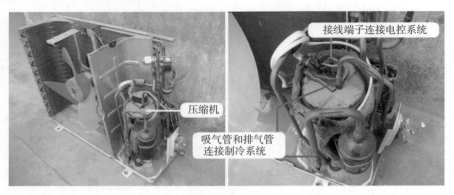

图 3-51　安装位置

2. 剖解上海日立 SHW33TC4-U 旋转式压缩机

（1）内部构造

内部构造见图3-52，由储液瓶（包含吸气管）、上盖（包含接线端子和排气管）、定子（包含线圈）、转子（上方为转子、下方为压缩部分组件）、下盖等组成。

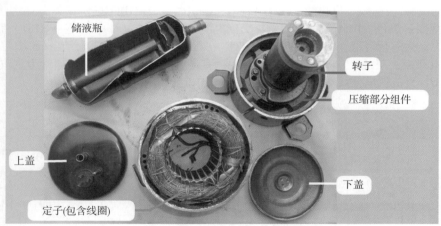

图 3-52　内部构造

（2）内置式过载保护器安装位置

内置式过载保护器安装在接线端子附近，见图3-53，取下压缩机上盖，可看到内置过载保护器固定在上盖上面，串接在接线端子的公共端。

示例压缩机内置过载保护器型号为UP3-29，共有2个接线端子：一个接上盖接线端子公共端，一个接压缩机线圈的公共端。UP3系列内置过载保护器具有过热和过电流双重保护功能。

过热时：根据压缩机内部的温度变化，影响保护器内部温度的变化，使双金属片受热后发生弯曲变形来控制保护器的断开和闭合。

过电流时：如压缩机壳体温度不高而电流很大，保护器内部的电加热丝发热量增加，使保护器内部温度上升，最终也是通过温度的变化达到保护的目的。

图 3-53　内置式过载保护器安装位置

（3）电机部分

电机部分包括定子和转子，见图3-54，压缩机线圈安装在定子槽里面，外圈为运行绕组，内圈为启动绕组，使用2极电机，转速约2900r/min；转子和压缩部分组件安装在一起，转子位于上方，安装时和电机定子相对应。

图 3-54　定子和转子

（4）压缩部分组件

转子下方即为压缩部分组件，主要由气缸、上气缸盖和下气缸盖、刮片、滚套等部件组成，压缩机电机线圈通电时转子以约2900r/min转动，带动压缩部分组件工作，将吸气管吸入的低温低压制冷剂气体，变为高温高压的气体。由于使用特殊规格的螺钉固定，压缩部分打不开，因此不能再进一步分解。

3. 外置式过载保护器

如果压缩机引线直接插在接线端子上面，见图3-55左图，则此压缩机未使用外置过载保护器；如果设有外置过载保护器，则公共端引线经过载保护器触点至压缩机接线端子上的公共端。

外置过载保护器安装在压缩机的上盖外面，见图3-55右图，位于接线端子附近，共有2个触点，串接在压缩机线圈的公共端回路中，主要依靠电流动作，但性能差于内置式过载保护器。

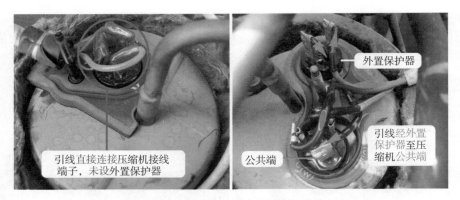

图 3-55　外置式过载保护器安装位置

4. 压缩机线圈引线功能兼别方法

见图3-56，定子上的线圈共有3根引线，压缩机上盖的接线端子也只有3个，因此连接电控系统的引线也只有3根。

图 3-56　线圈引线数量

（1）根据实际接线判断引线功能

见图3-57，压缩机线圈共有3根引线：只接室外机接线端子上电源L端，引线为公共端（C）；接电容和电源N端，引线为运行绕组（R）；只接电容，引线为启动绕组（S）。

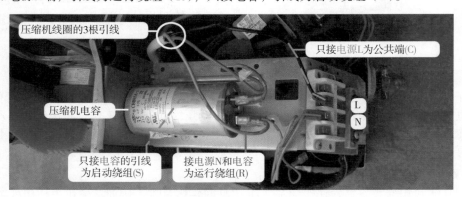

图 3-57　根据实际接线判断引线功能

（2）使用万用表电阻挡测量线圈端子阻值

逐个测量压缩机的3个接线端子阻值，会得出3次不同的结果，见图3-58，上海日立SHW33TC4-U压缩机在室外温度约10℃时，实测阻值依次为4.1Ω、1.9Ω、2.2Ω，其中最大阻值

4.1Ω为启动绕组＋运行绕组的总数，最小阻值1.9Ω为运行绕组阻值，2.2Ω为启动绕组阻值。

说
明

判断接线端子的功能时，实测时应测量引线，而不用再打开接线盖、拔下引线插头去测量接线端子。

图 3-58　压缩机线圈的 3 次阻值

① 找出公共端。在最大的阻值4.1Ω中，见图3-59，表笔接的端子为启动绕组和运行绕组，空闲的一个端子为公共端（C）。

图 3-59　找出公共端 C

② 找出运行绕组和启动绕组。一支表笔接公共端，另一支表笔测量另外2个端子阻值，阻值小的端子为运行绕组（R），见图3-60；阻值大的端子为启动绕组（S），见图3-61。

图 3-60　找出运行绕组 R

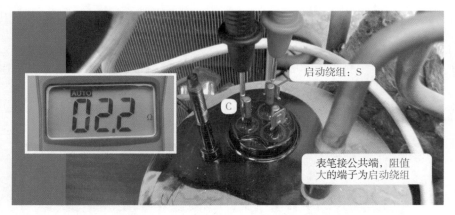

启动绕组: S

C

表笔接公共端, 阻值
大的端子为启动绕组

图 3-61　找出启动绕组 S

(3) 根据压缩机接线盖或垫片标识

见图3-62, 压缩机接线盖或垫片 (使用耐高温材料) 上标有 "C、R、S" 字样, 表示为接线端子的功能: C为公共端, R为运行绕组, S为启动绕组。

将接线盖对应接线端子, 或将垫片安装在压缩机上盖的固定位置, 观察接线端子: 对应标有 "C" 的端子为公共端、对应标有 "R" 的端子为运行绕组、对应标有 "S" 的端子为启动绕组。

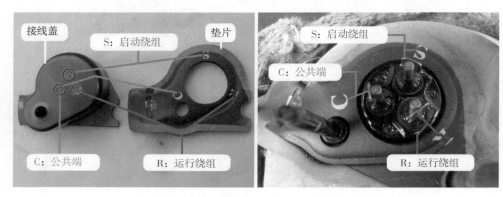

接线盖　　　S: 启动绕组　　　垫片　　　　S: 启动绕组

C: 公共端

C: 公共端　　　R: 运行绕组　　　　R: 运行绕组

图 3-62　根据接线盖标识判断引线功能

挂式空调器电控系统工作原理

本章选用典型挂式空调器型号为美的KFR-26GW/DY-B（E5），介绍电控系统组成、室内机主板方框图、单元电路详解、遥控器电路等。

注：在本章中，如非特别说明，电控系统知识内容全部选自美的KFR-26GW/DY-B（E5）挂式空调器。

第四章

一、电控系统组成

图4-1为典型挂式空调器（美的KFR-26GW/DY-B）电控系统组成实物图，由图可知，一个完整的电控系统由主板和外围负载组成，包括主板、变压器、传感器、室内风机、显示板组件、步进电机、遥控器、接线端子等。

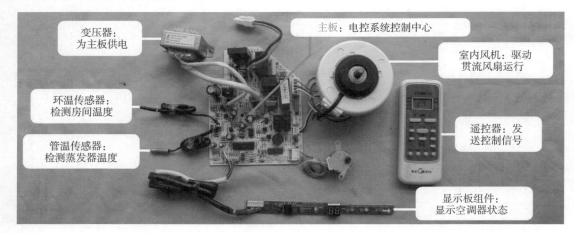

变压器：为主板供电

主板：电控系统控制中心

室内风机：驱动贯流风扇运行

环温传感器：检测房间温度

管温传感器：检测蒸发器温度

遥控器：发送控制信号

显示板组件：显示空调器状态

图 4-1 电控系统组成

二、主板方框图和电路原理图

主板是电控系统的控制中心，由许多单元电路组成，各种输入信号经主板CPU处理后通过输出电路控制负载。主板通常可分四部分电路：即电源电路、CPU三要素电路、输入电路、输出电路。

图4-2为室内机主板电路方框图，图4-4为室内机主板电路原理图，图4-3为电控系统主要元件，表4-1为主要元件编号、名称的说明。

说明

在本小节，将主板电路原理图和实物图上的元件标号统一，并一一对应，使理论和实践相结合，且读图更方便。

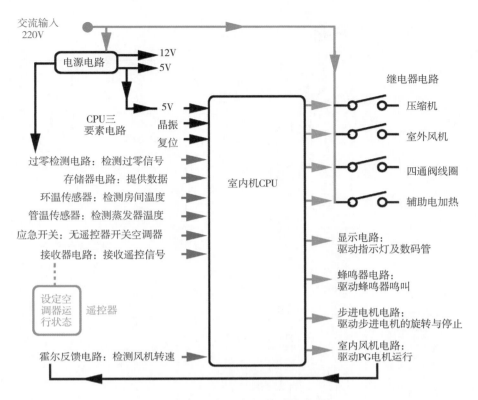

交流输入
220V

电源电路 → 12V
→ 5V

→ 5V
CPU三
要素电路
晶振
复位

过零检测电路：检测过零信号
存储器电路：提供数据
环温传感器：检测房间温度
管温传感器：检测蒸发器温度
应急开关：无遥控器开关空调器
接收器电路：接收遥控信号

设定空
调器运
行状态 遥控器

霍尔反馈电路：检测风机转速

室内机CPU

继电器电路
压缩机
室外风机
四通阀线圈
辅助电加热

显示电路：
驱动指示灯及数码管
蜂鸣器电路：
驱动蜂鸣器鸣叫
步进电机电路：
驱动步进电机的旋转与停止
室内风机电路：
驱动PG电机运行

图4-2　室内机主板电路方框图

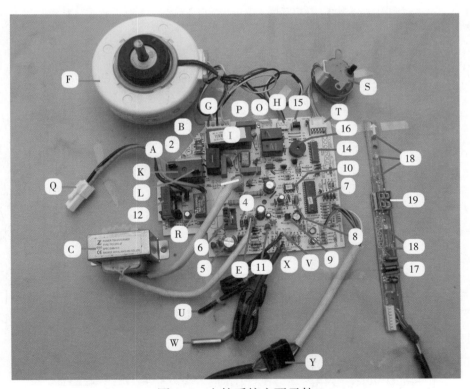

图4-3　电控系统主要元件

空调器维修从入门到精通

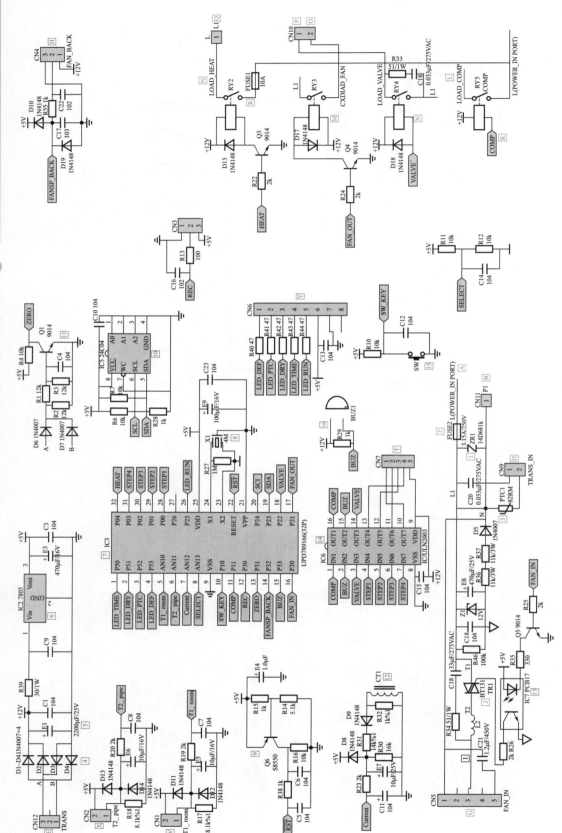

图 4-4 室内机主板电路原理图

　　　　　　主要元件编号、名称的说明

编号	名称	编号	名称
A	电源相线L输入	B	电源零线N输入
C	变压器：将交流220V降低至约13V	D	变压器一次绕组插座
E	变压器二次绕组插座	F	室内风机：驱动贯流风扇运行
G	室内风机线圈供电插座	H	霍尔反馈插座：检测室内风机转速
I	风机电容：在室内风机启动时使用	J	晶闸管：驱动室内风机
K	压缩机继电器：控制压缩机的运行与停止	L	压缩机接线端子
M	室外风机继电器：控制室外风机的运行与停止	N	四通阀线圈继电器：控制四通阀线圈的运行与停止
O	室外风机接线端子	P	四通阀线圈接线端子
R	辅助电加热继电器	Q	辅助电加热插头
S	步进电机：带动导风板运行	T	步进电机插座
U	环温传感器：检测房间温度	V	环温传感器插座
W	管温传感器：检测蒸发器温度	X	管温传感器插座
Y	显示板组件对插插头	1	压敏电阻：在电压过高时保护主板
2	保险管：在电流过大时保护主板	3	PTC电阻
4	整流二极管：将交流电整流成为脉动直流电	5	滤波电容：滤除直流电中的交流纹波成分
6	5V稳压块7805：输出端为稳定直流5V	7	CPU：主板的"大脑"
8	晶振：为CPU提供时钟信号	9	复位三极管
10	存储器：为CPU提供数据	11	过零检测三极管：检测过零信号
12	电流互感器	13	光耦
14	反相驱动器：反相放大后驱动继电器线圈、步进电机线圈、蜂鸣器	15	应急开关：无遥控器开关空调器
16	蜂鸣器：发声代表已接收到遥控信号	17	接收器：接收遥控器的红外线信号
18	指示灯：指示空调器的运行状态	19	数码管：显示温度和故障代码

三、单元电路作用

1. 电源电路

将交流220V电压降压、整流、滤波，成为直流12V和5V，为主板单元电路和外围负载供电。

2. CPU 三要素电路

电源、时钟、复位称为三要素电路，其正常工作是CPU处理输入信号和控制输出电路的前提。

3. 输入部分信号电路

① 遥控信号（17）：对应电路为接收器电路，将遥控器发出的红外线信号处理后送至CPU。

② 环温、管温传感器（U、W）：对应电路为传感器电路，将代表温度变化的电压送至CPU。

③ 应急开关信号（15）：对应电路为应急开关电路，在没有遥控器时可以使用空调器。

④ 数据信号（10）：对应电路为存储器电路，为CPU提供运行时必要的数据信息。

⑤ 过零信号（11）：对应电路为过零检测电路，提供过零信号以便CPU控制光耦晶闸管（俗称光耦可控硅）的导通角，使PG电机能正常运行。

⑥ 霍尔反馈信号（H）：对应电路为霍尔反馈电路，作用是为CPU提供室内风机（PG电机）的实际转速。

第四章　挂式空调器电控系统工作原理

⑦ 运行电流信号（12）：对应为电流检测电路，作用是为CPU提供压缩机运行电流的参考信号。

4. 输出部分负载电路

① 蜂鸣器（16）：对应电路为蜂鸣器电路，用来提示CPU已处理遥控器发送的信号。

② 指示灯（18）和数码管（19）：对应电路为指示灯和数码管显示电路，用来显示空调器的当前工作状态。

③ 步进电机（S）：对应电路为步进电机控制电路，调整室内风机吹风的角度，使之能够均匀送到房间的各个角落。

④ 室内风机（F）：对应电路为室内风机驱动电路，用来控制室内风机的工作与停止。制冷模式下开机后就一直工作（无论外机是否运行）；制热模式下受蒸发器温度控制，只有蒸发器温度高于一定温度后才开始运行，即使在运行中，如果蒸发器温度下降，室内风机也会停止工作。

⑤ 辅助电加热（R）：对应为辅助电加热继电器驱动电路，用来控制辅助电加热的工作与停止，在制热模式下提高出风口温度。

⑥ 压缩机继电器（K）：对应电路为继电器驱动电路，用来控制压缩机的工作与停止。制冷模式下，压缩机受3min延时电路保护、蒸发器温度过低保护、过流检测电路等控制；制热模式下，受3min延时电路保护、蒸发器温度过高保护、电流检测电路等控制。

⑦ 室外风机继电器（M）：对应电路为继电器驱动电路，用来控制室外风机的工作与停止。受保护电路同压缩机。

⑧ 四通阀线圈继电器（N）：对应的电路为继电器驱动电路，用来控制四通阀线圈的工作与停止。制冷模式下无供电停止工作；制热模式下有供电开始工作，只有除霜过程中断电，其他过程一直供电。

一、电源电路

电源电路原理图见图4-5，实物图见图4-6，关键点电压见表4-2。电路作用是将交流220V电压降压、整流、滤波、稳压后转换为直流12V和5V为主板供电。本节主要以常见的变压器降压型式的电源电路作详细介绍。

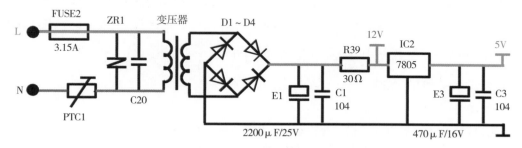

图 4-5　电源电路原理图

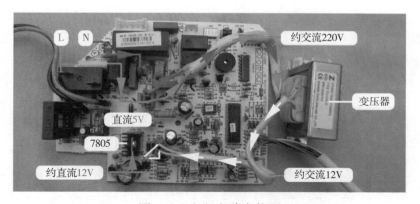

图 4-6　电源电路实物图

1. 工作原理

电容C20为高频旁路电容，用以旁路电源引入的高频干扰信号；FUSE2（3.15A保险管）、ZR1（压敏电阻）组成过压保护电路，输入电压正常时，对电路没有影响；而当电压高于交流约680V，ZR1迅速击穿，将前端FUSE2保险管熔断，从而保护主板后级电路免受损坏。

交流电源L端经保险管FUSE2、N端经PTC电阻分别送至变压器一次绕组插座，这样变压器一次绕组输入电压和供电插座的交流电源相等。PTC1为正温度系数的热敏电阻，阻值随温度变化而变化，作用是保护变压器绕组。

变压器、D1～D4（整流二极管）、E1（主滤波电容）、C1组成降压、整流、滤波电路，变压器将输入电压交流220V降低至约交流12V从二次绕组输出，至由D1～D4组成的桥式整流电路，变为脉动直流电（其中含有交流成分），经E1滤波，滤除其中的交流成分，成为纯净的约12V直流电压，为主板12V负载供电。

R39为保护电阻，当负载短路引起电流过大时，其开路断开直流12V供电，从而保护变压器绕组。

IC2、E3、C3组成5V电压产生电路；IC2（7805）为5V稳压块，①脚输入端为直流12V，经7805内部电路稳压，③脚输出端输出稳定的直流5V电压，为5V负载供电。

 说明

本电路没有使用7812稳压块，因此直流12V电压实测为直流11～16V，随输入的交流220V电压变化而变化。

▼ 表4-2 电源电路关键点电压

变压器插座		7805		
一次绕组	二次绕组	①脚输入端	②脚地	③脚输出端
约交流220V	约交流12V	约直流14V	直流0V	直流5V

2. 直流12V和5V负载

（1）直流12V负载

直流12V取自主滤波电容正极，见图4-7，主要负载：7805稳压块、继电器线圈、PG电机内部的霍尔反馈电路板、步进电机线圈、反相驱动器、蜂鸣器。

 说明

PG电机内部的霍尔反馈电路板一般为直流5V供电；美的空调器例外，使用直流12V供电。

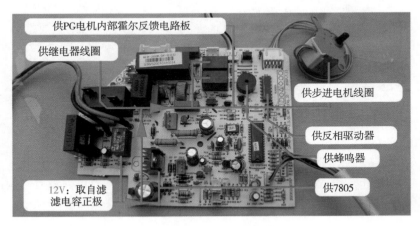

供PG电机内部霍尔反馈电路板
供继电器线圈
供步进电机线圈
供反相驱动器
供蜂鸣器
供7805
12V：取自滤滤电容正极

图4-7 直流12V负载

（2）直流5V负载

直流5V取自7805的③脚输出端，见图4-8，主要负载：CPU、存储器、光耦、传感器电路、显示板组件上接收器、数码管、指示灯等。

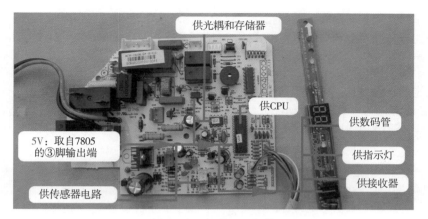

图 4-8　直流 5V 负载

3. 电路检修技巧

① 遇到主板无5V故障，使用反向检修法，排除主板无短路故障后，先检查12V电压，再检查变压器二次绕组插座电压，然后再检查变压器一次绕组插座电压，直至查到故障元件并进行更换。

② 空调器上电无反应故障，可用万用表电阻挡测量插头L、N阻值，如为无穷大，可判断为变压器一次绕组或保险管开路；如实测为变压器一次绕组的阻值，可用万用表交流电压挡测量一次绕组插座内是否有电压。

③ 更换变压器时，如无原型号备件，使用配用元件时，应注意：功率、输出电压及外形（用于固定）均应相同。如变压器绕头插头形状不一样，可用烙铁将引线直接焊在主板插座相对应的焊点上。

二、CPU 三要素电路

1. CPU 简介

CPU是一个大规模的集成电路，整个电控系统的控制中心，内部写入了运行程序（或工作时调取存储器中的程序）。根据引脚方向分类，常见有两种，见图4-9，即两侧引脚和四面引脚。

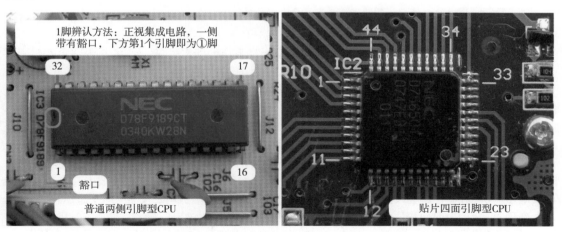

图 4-9　CPU

CPU的作用是接收使用者的操作指令，结合室内环温、管温传感器等输入部分电路的信号进行运算和比较，确定空调器的运行模式（如制冷、制热、抽湿、送风），通过输出部分电路控制压缩机、室内外风机、四通阀线圈等部件，使空调器按使用者的意愿工作。

CPU是主板上体积最大、引脚最多的元器件。现在主板CPU的引脚功能都是空调器厂家结合软件来确定的，也就是说同一型号的CPU在不同空调器厂家主板上引脚作用是不一样的。

美的空调器KFR-26GW/DY-B（E5） 室内机主板CPU使用NEC公司产品， 型号为D78F9189CT，共有32个引脚，主要引脚功能见表4-3。

▼ 表 4-3 　　　　　　　　　　　　**D78F9189CT 引脚功能**

输入部分电路			输出部分电路		
引脚	英文代号	功能	引脚	英文代号	功能
10	SW-KEY	按键开关	1、2、3、4、26	LED、LCD	驱动指示灯和数码 管
12	REC	遥控信号	28、29、30、31	STEP	步进电机
5	room	环温	15	BUZ	蜂鸣器
6	pipe	管温	16	FAN-IN	室内风机
13	ZERO	过零检测	32	HEAT	辅助电加热
14	FANSP-BACK	霍尔反馈	11	COMP	压缩机
7	Current、CT	电流	17	FAN-OUT	室外风机
8脚为机型选择，27脚为空脚，21脚接地			18	VALVE	四通阀线圈
19	SDA	数据	20	SCL	时钟	存储器电路
25	VDD	供电	23	X2	晶振	CPU三要素电路
9	VSS	地	24	X1	晶振	
			22	RST	复位	

2. 工作原理

CPU三要素电路原理图见图4-10，实物图见图4-11，关键点电压见表4-4。

电源、复位、时钟称为三要素电路，是CPU正常工作的前提，缺一不可，否则会死机引起空调器上电无反应故障。

① CPU25脚是电源供电引脚，由7805的③脚输出端直接供给。滤波电容E9、C23的作用是使5V供电更加纯净和平滑。

② 复位电路将内部程序处于初始状态。CPU22脚为复位引脚，由外围元件滤波电容E4、瓷片电容C6和C5、PNP型三极管Q6（9012）、电阻(R14、R15、R16、R38)组成低电平复位电路。初始上电时，5V电压首先对E4充电，同时对R15和R14组成的分压电路分压，当E4充电完成后，R15分得的电压约为0.8V，使得Q6充分导通，5V经Q6发射极、集电极、R38至CPU22脚，电容E4正极电压由0V逐渐上升至5V，因此CPU22脚电压、相对于电源引脚25要延时一段时间（一般为几十毫秒），将CPU内部程序清零，对各个端口进行初始化。

③ 时钟电路提供时钟频率。CPU23、24脚为时钟引脚，内部电路与外围元件X1（晶振）、电阻R27组成时钟电路，提供4MHz稳定的时钟频率，使CPU能够连续执行指令。

▼ 表 4-4　　　　　　　CPU 三要素电路关键点电压

25 脚供电	9 脚地	Q6：E	Q6：B	Q6：C	22 脚复位	23 脚晶振	24 脚晶振
5V	0V	5V	4.3V	5V	5V	2.8V	2.5V

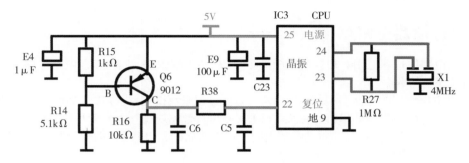

图 4-10　CPU 三要素电路原理图

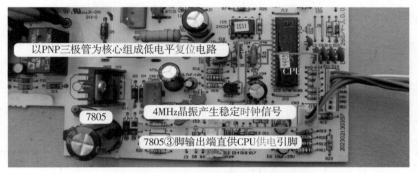

图 4-11　CPU 三要素电路实物图

第三节 输入部分单元电路

一、存储器电路

存储器电路原理图见图4-12，实物图见图4-13，关键点电压见表4-5，电路作用是向CPU提供工作时所需要的数据。

室内机主板使用的存储器型号为24C04，通信过程采用I2C总线方式，即IC与IC之间的双向传输总线，它有两条线，即串行时钟线（SCL）和串行数据线（SDA）。时钟线传递的时钟信号由CPU输出，存储器只能接收；数据线传送的数据是双向的，CPU可以向存储器发送信号，存储器也可以向CPU发送信号。

使用万用表直流电压挡，测量存储器24C04引脚电压，实测5脚电压为5V，6脚电压为0V，说明在测量电压时CPU并没有向存储器读取数据，也就是说CPU未向存储器发送时钟信号。

▼ 表 4-5 存储器电路关键点电压

存储器 24C04 引脚				CPU 引脚	
1、2、3、4、7脚	8脚	5脚	6脚	19脚	20脚
0V	5V	5V	0V	5V	0V

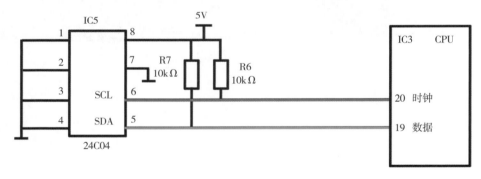

图 4-12 存储器电路原理图

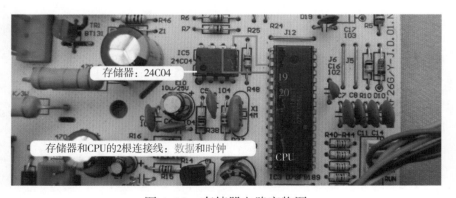

图 4-13 存储器电路实物图

空调器维修从入门到精通

二、应急开关电路

应急开关电路原理图见图4-14，实物图见图4-15，按键状态与CPU引脚电压的对应关系见表4-6，电路作用是无遥控器时可以开启或关闭空调器。

1. 工作原理

强制制冷功能、强制自动功能共用一个按键，CPU10脚为应急开关按键检测引脚，正常时为高电平直流5V，应急开关按下时为低电平0V，CPU根据低电平的次数进入各种控制程序。

控制程序：按压第一次按键，空调器将进入强制自动模式，按键之前若为关机状态，按键之后将转为开机状态；按压第二次按键，将进入强制制冷状态；按压第三次按键，空调器关机。按压按键使空调器运行时，在任何状态下都可用遥控器控制，转入按遥控器设定的运行状态。

表 4-6　　　　　　按键状态与 CPU 引脚电压对应关系

按键状态	CPU10 脚电压
应急开关按键未按下时	5V
应急开关按键按下时	0V

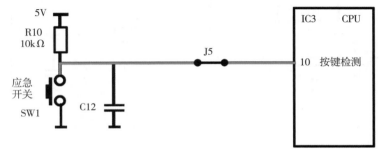

图 4-14　应急开关电路原理图

图 4-15　应急开关电路实物图

2. 其他品牌（如海信）空调器应急开关控制程序

按一次为开机，工作于自动模式，再按一次则关机；待机状态下按下应急开关按键超过5s，蜂鸣器响三声，进入强制制冷，运行时不考虑室内环境温度；应急运行时，如接收到遥控信号，则按遥控信号控制运行。

三、遥控接收电路

遥控接收电路原理图见图4-16，实物图见图4-17，遥控器状态与CPU引脚电压的对应关系见表4-7，电路作用是接收遥控器发送的红外线信号，处理后送至CPU引脚。

遥控器发射含有经过编码的调制信号以38kHz为载波频率，发送至位于显示板组件上的接收器REC201，REC201将光信号转换为电信号，并进行放大、滤波、整形，经R13送至CPU12脚，CPU内部电路解码后得出遥控器的按键信息，从而对电路进行控制；CPU每接收到遥控信号后会控制蜂鸣器响一声给予提示。

接收器在接收到遥控信号时，输出端由静态电压会瞬间下降至约3V，然后再迅速上升至静态电压。遥控器发射信号时间约1s，接收器接收到遥控信号时输出端电压也有约1s的时间瞬间下降。

▼ 表4-7　　　　　　　接收器状态与 CPU 引脚电压对应关系

接收器状态	接收器输出端电压	CPU12 脚电压
遥控器未发射信号	4.96V	4.96V
遥控器发射信号	约3V	约3V

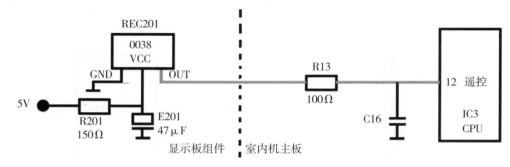

图 4-16　接收器电路原理图

图 4-17　接收器电路实物图

四、传感器电路

1. 传感器安装位置和实物外观

（1）室内环温传感器

室内环温传感器固定支架安装在室内机的进风面，见图4-18，作用是检测室内房间温度。

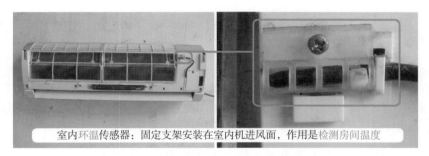

室内环温传感器：固定支架安装在室内机进风面，作用是检测房间温度

图 4-18　室内环温传感器安装位置

（2）室内管温传感器

室内管温传感器检测孔焊在蒸发器的管壁上，见图4-19，作用是检测蒸发器温度。

室内管温传感器：检测孔焊在蒸发器管壁上，作用是检测蒸发器温度

图 4-19　室内管温传感器安装位置

（3）实物外形

室内环温和室内管温传感器均只有2根引线，见图4-20，不同的是，室内环温传感器使用塑封探头，室内管温传感器使用铜头探头。

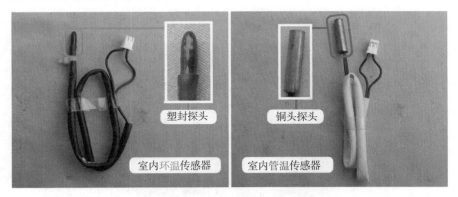

塑封探头　　铜头探头

室内环温传感器　　室内管温传感器

图 4-20　2 个传感器实物外形

2. 工作原理

传感器电路原理图见图4-21，实物图见图4-22。室内环温传感器向CPU提供房间温度，与遥控器设定温度相比较，控制空调器的运行与停止；室内管温传感器向CPU提供蒸发器温度，在制冷系统进入非正常状态时保护停机。

环温传感器room、下偏置电阻R17（8.1kΩ精密电阻）、二极管D11和D12、电解电容E5和瓷片电容C7、电阻R19、CPU5脚组成环温传感器电路；管温传感器pipe、下偏置电阻R18（8.1kΩ精密电阻）、二极管D13和D14、电解电容E6和瓷片电容C8、电阻R20、CPU6脚组成管温传感器电路。

环温和管温传感器电路工作原理相同，以环温传感器为例。环温传感器（负温度系数热敏电阻）和电阻R_{17}组成分压电路，R17两端电压即CPU5脚电压的计算公式为：$5 \times R_{17}/$（环温传感器阻值$+R_{17}$）；环温传感器阻值随房间温度的变化而变化，CPU5脚电压也相应变化。环温传感器在不同的温度有相应的阻值，CPU5脚有相应的电压值，房间温度与CPU5脚电压为成比例的对应关系，CPU根据不同的电压值计算出实际房间温度。

美的空调器的环温和管温传感器均使用25℃/10kΩ型，传感器在25℃时阻值为10kΩ，在15℃时阻值为16.1kΩ，传感器温度阻值与CPU引脚对应关系见表4-8。

▼ 表4-8　　　　　　传感器温度阻值与CPU引脚对应关系

温度 / ℃	−10	0	5	15	25	30	50	60	70
阻值 / kΩ	62.2	35.2	26.8	16.1	10	8	3.4	2.3	1.6
CPU 电压 / V	0.57	0.93	1.16	1.67	2.23	2.51	3.52	3.89	4.17

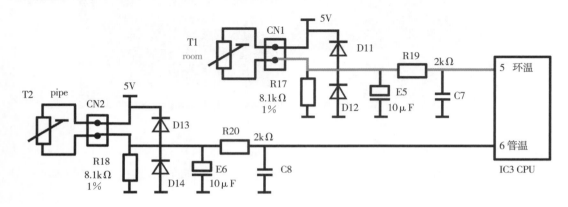

图4-21　传感器电路原理图

图4-22　环温传感器电路实物图

3. 测量传感器插座分压点电压

由于环温传感器和管温传感器使用型号相同，分压电阻阻值也相同，因此在同一温度下分压点电压即CPU引脚电压应相同或接近。

在房间温度约25℃时，见图4-23，使用万用表直流电压挡测量传感器电路插座电压，实测公共端电压为5V，环温传感器分压点电压约为2.2V，管温传感器分压点电压为约2.1V。

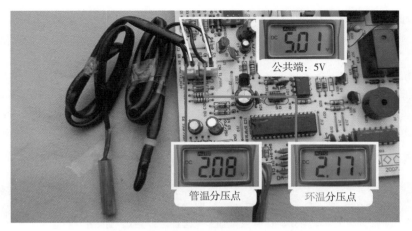

公共端：5V

管温分压点

环温分压点

图 4-23　测量传感器插座分压点电压

五、电流检测电路

1. 电流互感器

电流互感器其实也相当于一个变压器，见图4-24，一次绕组为在中间孔穿过的电源引线（通常为压缩机引线），二次绕组安装在互感器上。

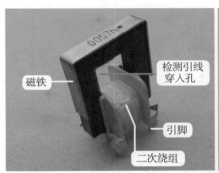

磁铁

检测引线穿入孔

引脚

二次绕组

二次绕组引脚

空脚

图 4-24　电流互感器

2. 检测压缩机引线

美的KFR-26GW/DY-B（E5）室内机主板上，电流互感器中间孔穿入压缩机引线，见图4-25，说明CPU检测为压缩机电流；如果电流互感器中间孔穿入交流电源L输入引线，则CPU检测为整机运行电流。

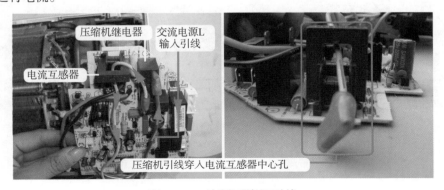

压缩机继电器

交流电源L输入引线

电流互感器

压缩机引线穿入电流互感器中心孔

图 4-25　检测压缩机引线

3. 工作原理

电流检测电路原理图见图4-26，实物图见图4-27，压缩机运行电流与CPU引脚电压的对应关系见表4-9。

当压缩机引线（相当于一次绕组）有电流通过时，在二次绕组感应出成比例的电压，经D9整流、E7滤波、R31和R30分压，经R23送至CPU的7脚（电流检测引脚）。CPU7脚根据电压值计算出压缩机实际运行电流值，再与内置数据相比较，即可计算出压缩机工作是否正常，从而对其进行控制。

▼ 表4-9　　　　　　　压缩机运行电流与 CPU 引脚电压对应关系

压缩机运行电流 /A	CT1 次级交流电压（AC）/ V	CPU7 脚电压（DC）/ V	压缩机运行电流 /A	CT1 次级交流电压（AC）/ V	CPU7 脚电压（DC）/ V
3.5	1.1	0.63	5.5	1.78	1.14
6.8	2.2	1.5	8.5	2.75	2

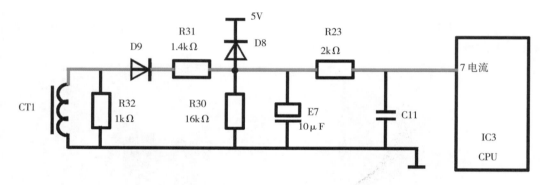

图 4-26　电流检测电路原理图

图 4-27　电流检测电路实物图

4. 测量电流互感器二次绕组阻值

使用万用表电阻挡，见图4-28，测量电流互感器的二次绕组引脚阻值，实测为483Ω；如果实测为无穷大，则为绕组开路损坏。

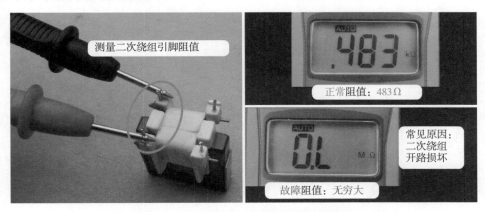

图 4-28 测量电流互感器二次绕组阻值

第四节　输出部分单元电路

一、显示电路

1. 显示方式

美的KFR-26GW/DY-B（E5）空调器使用指示灯＋数码管的方式进行显示，室内机主板和显示板组件由一束8根的引线连接。

见图4-29，显示板组件共设有5个指示灯：智能清洁、定时、运行、强劲、预热化霜；使用一个2位数码管，可显示设定温度、房间温度、故障代码等，由集成块HC164驱动5个指示灯和数码管。

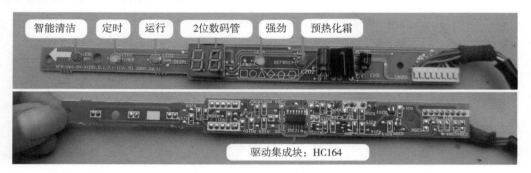

图4-29　显示板组件主要元件

2. 工作原理

（1）HC164引脚功能

HC164为8位串行移位寄存器，共有14个引脚，其中14脚为5V供电、7脚为地；1脚和2脚为数据输入（DATA），2个引脚连在一起接主板CPU1脚；8脚为时钟输入（CLK），接主板CPU2脚；9脚为复位，实接直流5V；3、4、5、6、10、11、12、13共8个引脚为输出，接指示灯和数码管。

（2）室内机主板和显示板组件的8根连接引线功能

见表4-10。其中COM1-2和COM3为显示板组件上数码管5V供电引脚的控制引线。

▼ 表4-10　　　　　室内机主板和显示板组件的8根连接引线功能

编号	1	2	3	4	5	6	7	8
颜色	黑	白	红	灰	黑	棕	绿	蓝
功能	接收器REC	地GND	5V供电VCC	供电控制COM1-2	数据DATA	时钟CLK	供电控制COM3	空
接CPU引脚	12			26	1	2	3	4

（3）控制流程

控制流程见图4-30，主板CPU2脚向显示板组件上IC201（HC164）发送时钟信号，CPU1脚向HC164发送显示数据的信息，HC164处理后驱动指示灯和数码管；CPU3脚和26脚输出信号控制数码管5V供电的接通与断开。

CPU输出显示命令，HC164放大信号后驱动指示灯和数码管

图 4-30   显示屏和指示灯驱动流程

二、蜂鸣器驱动电路

蜂鸣器驱动电路原理图见图4-31，实物图见图4-32，电路作用是CPU接收到遥控信号且已处理，驱动蜂鸣器发出"嘀"声响一次予以提示。

CPU15脚是蜂鸣器控制引脚，正常时为低电平；当接收到遥控信号时引脚变为高电平，反相驱动器IC6的输入端2脚也为高电平，输出端15脚则为低电平，蜂鸣器发出预先录制的音乐。由于CPU输出高电平时间很短，万用表不容易测出电压。

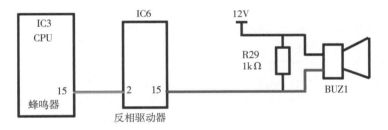

图 4-31   蜂鸣器驱动电路原理图

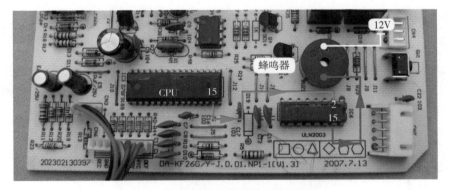

图 4-32   蜂鸣器驱动电路实物图

三、步进电机驱动电路

1. 作用

步进电机是一种将电脉冲转化为角位移的执行机构，通常使用在挂式空调器上面，见图4-33，设计在室内机右侧下方的位置，固定在接水盘上，作用是驱动导风板上下转动，使室内风机吹的风到达用户需要的地方。

步进电机: 固定在室内机右侧下方的接水盘上, 作用是驱动导风板上下转动

图 4-33   安装位置和作用

说明

　　挂式空调器左右导风板一般为手动调节, 目前的柜式空调器也有使用步进电机调节上下或左右导风板。

2. 工作原理

　　步进电机线圈驱动方式为4相8拍, 共有4组线圈, 电机每转一圈需要移动8次。线圈以脉冲方式工作, 每接收到一个脉冲或几个脉冲, 电机转子就移动一个位置, 移动距离可以很小。

　　步进电机驱动电路原理图见图4-34, 实物图见图4-35, CPU引脚电压与步进电机状态的对应关系见表4-11。

　　CPU28、29、30、31输出步进电机驱动信号, 至反相驱动器IC6的输入端4、5、6、7脚, IC6将信号放大后从13、12、11、10脚反相输出, 驱动步进电机线圈, 步进电机按CPU控制的角度开始转动, 带动导风板上下摆动, 使房间内送风均匀, 到达用户需要的地方。

　　室内机主板CPU经反相驱动器放大后将驱动脉冲加至步进电机线圈, 如供电顺序为A—AB—B—BC—C—CD—D—DA—A···, 电机转子按顺时针方向转动, 经齿轮减速后传递到输出轴, 从而带动导风板摆动; 如供电顺序转换为A—AD—D—DC—C—CB—B—BA—A···, 电机转子按逆时针方向转动, 带动导风板朝另一个方向摆动。

▼ 表 4-11   CPU 引脚电压与步进电机状态对应关系

CPU: 28-29-30-31	IC6: 4-5-6-7	IC6: 13-12-11-10	步进电机状态
1.8V	1.8V	8.6V	运行
0V	0V	12V	停止

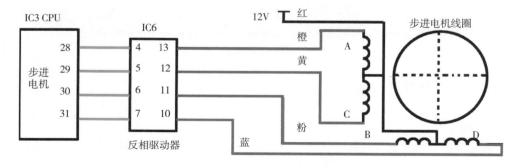

图 4-34   步进电机驱动电路原理图

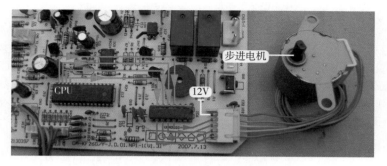

图 4-35　步进电机驱动电路实物图

四、辅助电加热驱动电路

空调器使用热泵式制热系统，即吸收室外的热量转移到室内，以提高室内温度，如果室外温度低于0℃以下，空调器的制热效果将明显下降，辅助电加热就是为提高制热效果而设计的。

辅助电加热驱动电路原理图见图4-36，实物图见图4-37，CPU引脚电压与辅助电加热状态的对应关系见表4-12。

CPU32脚、电阻R21、三极管Q3、二极管D15、继电器RY2组成辅助电加热继电器驱动电路，工作原理和室外风机继电器驱动电路相同。当CPU32脚为高电平5V时，三极管Q3导通，继电器RY2触点闭合，辅助电加热开始工作；当CPU32脚为低电平0V时，Q3截止，RY2触点断开，辅助电加热停止工作。

▼ 表 4-12　　　　　CPU 引脚电压与辅助电加热状态对应关系

CPU32脚	Q3：B	Q3：C	RY2线圈电压	触点状态	负载
5V	0.8V	0.1V	11.9V	闭合	辅助电加热工作
0V	0V	12V	0V	断开	辅助电加热停止

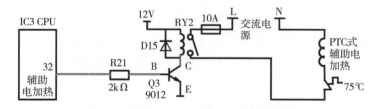

图 4-36　辅助电加热驱动电路原理图

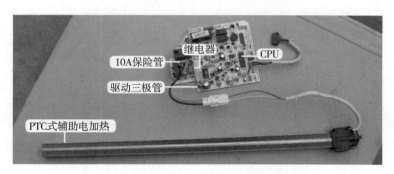

图 4-37　辅助电加热驱动电路实物图

五、室外机负载驱动电路

图 4-38 为室外机负载驱动电路原理图，图 4-39 为压缩机继电器触点闭合过程，图 4-40 为压缩机继电器触点断开过程，CPU 引脚电压与压缩机状态对应关系见表 4-13，CPU 引脚电压与四通阀线圈状态对应关系见表 4-14，CPU 引脚电压与室外风机状态对应关系见表 4-15。

室外机负载驱动电路的作用是向压缩机、室外风机、四通阀线圈提供或断开交流 220V 电源，使制冷系统按 CPU 控制程序工作。

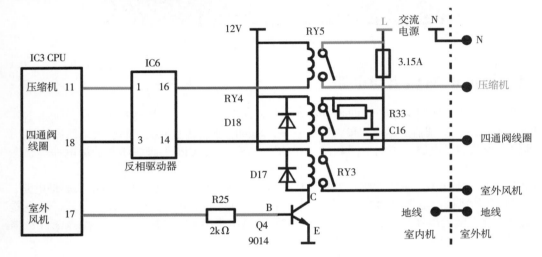

图 4-38　室外机负载驱动电路原理图

1. 压缩机和四通阀线圈继电器驱动电路工作原理

CPU11 脚、反相驱动器 IC6 1 脚和 16 脚、继电器 RY5 组成压缩机继电器驱动电路；CPU18 脚、IC6 3 脚和 14 脚、二极管 D18、继电器 RY4、电阻 R33、电容 C16 组成四通阀线圈继电器驱动电路。

压缩机和四通阀线圈的继电器驱动工作原理完全相同，以压缩机继电器为例。当 CPU 的 11 脚为高电平 5V 时，IC6 的 1 脚输入端也为高电平 5V，内部电路翻转，对应 16 脚输出端为低电平约 0.8V，继电器 RY5 线圈得到约 11.2V 供电，产生电磁力使触点闭合，接通压缩机 L 端电压，压缩机开始工作；当 CPU 的 11 脚为低电平 0V 时，IC6 的 1 脚也为低电平 0V，内部电路不能翻转，其对应 16 脚输出端不能接地，RY5 线圈两端电压为 0V，触点断开，压缩机停止工作。

D18 为继电器线圈续流二极管，电阻 R33 和电容 C16 组成消火花电路，消除继电器 RY4 触点闭合或断开时瞬间产生的火花。

▼ 表 4-13　　　　　CPU 引脚电压与压缩机状态对应关系

CPU11脚	IC6 1脚	IC616脚	RY5线圈电压	触点状态	负载
5V	5V	0.8	11.2V	闭合	压缩机工作
0V	0V	12V	0V	断开	压缩机停止

▼ 表 4-14　　　　　CPU 引脚电压与四通阀线圈状态对应关系

CPU18脚	IC6 3脚	IC6 14脚	RY4线圈电压	触点状态	负载
5V	5V	0.8	11.2V	闭合	四通阀线圈工作
0V	0V	12V	0V	断开	四通阀线圈停止

空调器维修从入门到精通

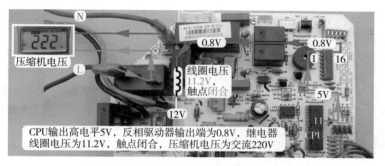

图 4-39　压缩机继电器触点闭合过程

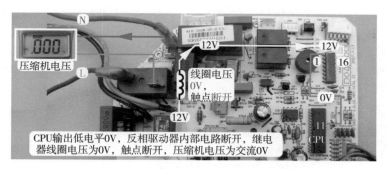

图 4-40　压缩机继电器触点断开过程

2. 室外风机继电器驱动电路工作原理

见图4-41，驱动电路以NPN型三极管为核心，其作用和反相驱动器相同；由CPU17脚、电阻R25、三极管Q4、二极管D17、继电器RY3组成。

当CPU17脚为高电平5V时，经电阻R25降压后送至三极管Q4的基极（B），电压约0.8V，Q4集电极（C）和发射极（E）深度导通，C极电压约0.1V，继电器RY3线圈下端接地，两端电压约11.9V，产生电磁吸力使得触点闭合，接通L端电源，室外风机开始工作；当CPU17脚为低电平0V时，Q4B极电压为0V，C极和E极截止，继电器线圈下端不能接地，即构不成回路，线圈电压为0V，触点断开，室外风机停止工作。

▼ 表 4-15　　　　　CPU 引脚电压与室外风机状态对应关系

CPU17脚	Q4：B	Q4：C	RY3圈电压	触点状态	负载
5V	0.8V	0.1V	11.9V	闭合	室外风机工作
0V	0V	12V	0V	断开	室外风机停止

图 4-41　室外风机驱动电路实物图

3. 室外机接线端子上接线规律

① N为公共端，由电源插头的N端直接供给室外机。

② 室内机主板控制压缩机、室外风机、四通阀线圈的方法是：在电源插头的L端分三路支线由三个继电器单独控制，因此三个负载工作时相互独立。

③ 压缩机供电不通过3.15A的保险管，所以线圈短路或卡缸引起过电流过大时不会烧坏保险管，一般表现为空气开关跳闸；而室外风机或四通阀线圈发生短路故障时则会将保险管烧断。

六、室外机电路

1. 连接引线

室外机电控系统的负载有压缩机、室外风机、四通阀线圈共3个，室外机电路将3个负载连接在一起。

室外机接线端子共有4个，分别为：1号接压缩机公共端，2号为公用零线N，3号接四通阀线圈，4号接室外风机；其中2号公用零线N通过引线分别接压缩机线圈和室外风机线圈的公共端，四通阀线圈其中的1根引线，地线直接固定在室外机电控盒的铁皮上面。

2. 工作原理

室外机电气接线图见图4-42，实物图见图4-43。

（1）制冷模式

室内机主板的压缩机和室外风机继电器触点闭合，从而接通L端供电，与电容共同作用使压缩机和室外风机启动运行，系统工作在制冷状态，此时3号四通阀线圈的引线无交流220V供电。

（2）制热模式

室内机主板的压缩机、室外风机、四通阀线圈继电器触点闭合，从而接通L端供电，为1号压缩机、3号四通阀线圈、4号室外风机提供交流220V电源，压缩机、四通阀线圈、室外风机同时工作，系统工作在制热状态。

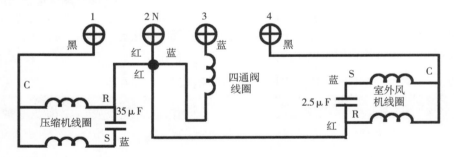

图 4-42　室外机电气接线图

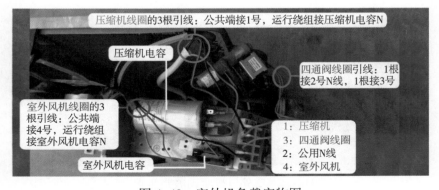

图 4-43　室外机负载实物图

第五节　室内风机单元电路

目前生产的定频、交流变频、直流变频的挂式空调器室内风机，基本上全部使用PG电机，由2个输入部分的单元电路和1个输出部分的单元电路组成，本节以美的KFR-26GW/DY-B（E5）定频空调器为例，简单介绍室内风机电路。

室内机主板上电后，首先通过过零检测电路检查输入交流电源的零点位置，检查正常后，再通过PG电机驱动电路驱动电机运行；PG电机运行后，内部输出代表转速的霍尔信号，送至室内机主板的霍尔反馈电路供CPU检测实时转速，并与内部数据相比较，如有误差（即转速高于或低于正常值），通过改变晶闸管的导通角，改变PG电机工作电压，PG电机转速也随之改变。

一、过零检测电路

1. 作用

过零检测电路的作用可以理解为给CPU提供一个标准，起点是零电压，晶闸管导通角的大小就是依据这个标准。也就是说PG电机高速、中速、低速、微速均对应一个导通角，而每个导通角的导通时间是从零电压开始计算的，导通时间不一样，导通角度的大小就不一样，因此电机的转速就不一样。

2. 工作原理

过零检测电路原理图见图4-44，实物图见图4-45，关键点电压见表4-16，由CPU13脚、二极管D6和D7、电容C4、三极管Q1、电阻R1、R2、R3、R4组成。

取样点为变压器二次绕组插座的约交流12V电压，经D6和D7全波整流、电阻R1、R2、R3分压、电容C4滤除高频成分，送至三极管Q1基极（B）。当交流电源位于正半周时，B极电压高于0.7V，Q1集电极（C）和发射极（E）导通，CPU13脚为低电平约0.1V；当交流电源位于负半周时，B极电压低于0.7V，Q1 C极和E极截止，CPU13脚为高电平约5V；通过三极管Q1的反复导通、截止，在CPU13脚形成100Hz脉冲波形，CPU通过计算，检测出输入交流电源电压的零点位置。

▼ 表 4-16　　　　　　　　过零检测电路关键点电压

变压器二次绕组插座	D6和D7负极	Q1：B	Q1：C	CPU13脚
约交流12V	直流10.2V	直流0.67V	直流0.49V	直流0.49V

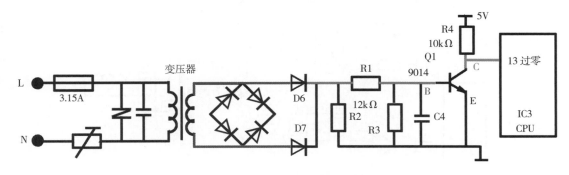

图 4-44　过零检测电路原理图

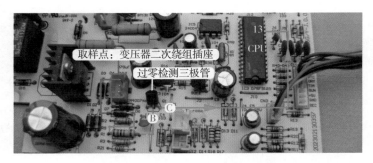

图 4-45　过零检测电路实物图

二、PG 电机驱动电路

PG调速塑封电机，简称PG电机，是单相异步电容运转电机，通过晶闸管调压调速的方法来调节转速。见图4-46，共有2个插头，一个为线圈供电插头，一个为霍尔反馈插头。

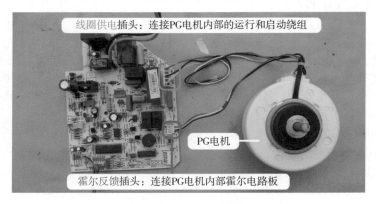

图 4-46　PG 电机插头和主板插座

1. 晶闸管调速原理

晶闸管调速是用改变晶闸管导通角的方法来改变电机端电压的波形，从而改变电机端电压的有效值，达到调速的目的。

当晶闸管导通角$\alpha_1=180°$ 时，电机端电压波形为正弦波，即全导通状态；当晶闸管导通角$\alpha_1<180°$ 时，即非全导通状态，电压有效值减小；α_1越小，导通状态越少，则电压有效值越小，所产生的磁场越小，则电机的转速越低。由以上的分析可知，采用晶闸管调速其电机转速可连续调节。

2. 工作原理

PG电机驱动电路原理图见图4-47，实物图见图4-48。

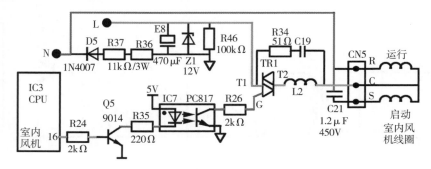

图 4-47　PG 电机驱动电路原理图

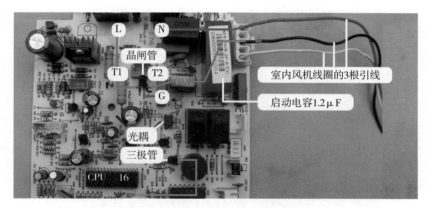

图 4-48　PG电机驱动电路实物图

整流二极管D5、降压电阻R37和R36、滤波电容E8、12V稳压二极管Z1和R46组成降压、整流、滤波、稳压电路，在电容E8两端产生直流12V，通过光耦IC7（PC817）向双向晶闸管TR1（BT131）提供门极电压。

　　　　　此直流12V取自交流220V，为PG电机驱动电路专用，和室内机主板的直流12V各自相对独立，2路直流12V电压的负极也不相通。

CPU16脚为室内风机控制引脚，输出的驱动信号经电阻R24送至三极管Q5基极（B），Q5放大后送至光耦IC7初级发光二极管的负极，IC7次级导通，为双向晶闸管TR1的控制极（G）提供门极电压，TR1的T1和T2导通，交流电源L端经T1→T2→扼流线圈L2送至PG电机线圈公共端，和交流电源N端构成回路，PG电机转动，带动贯流风扇运行，室内机开始吹风。

CPU（16）输出的驱动信号经Q5放大后，通过改变光耦IC7初级发光二极管的电压，改变次级光电三极管的导通程度，改变双向晶闸管TR1控制极（G）的门极电压大小，从而改变TR1的导通角，PG电机工作的交流电压也随之改变，运行速度也随之改变，室内机吹风量也随之改变。

假如CPU需要控制PG电机转速加快：CPU16脚驱动信号电压↑、三极管Q5基极（B）电压↑、Q5集电极（C）和发射极（E）导通程度增加（相当于CE结电阻↓）、光耦IC7初级电压↑、IC7次级导通程度增加、TR1门极电压↑（相当于导通角↑）、PG电机线圈交流电压↑、PG电机转速上升。

3. 使用光耦晶闸管的 PG 电机驱动电路

海信KFR-23GW/56挂式空调器室内机主板PG电机驱动电路使用光耦晶闸管，电路原理图见图4-49，实物图见图4-50。由CPU6脚、电阻R29、光耦晶闸管IC5、电阻R1和电容C2组成。

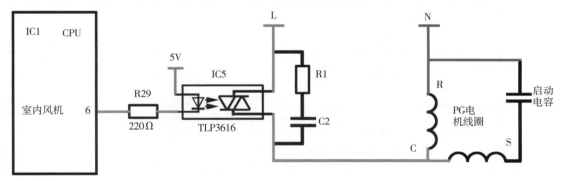

图 4-49　光耦晶闸管式 PG 电机驱动电路原理图

CPU的6脚输出PG电机驱动电压，经电阻R29送至光耦晶闸管IC5初级侧发光二极管负极，使得次级侧晶闸管导通，PG电机开始运行。

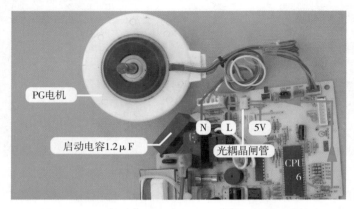

图 4-50　光耦晶闸管式 PG 电机驱动电路实物图

三、霍尔反馈电路

1. 转速检测原理

霍尔是一种基于霍尔效应的磁传感器，见图4-51，常用型号有44E、40AF等，引脚功能和作用相同，特性是可以检测磁场及其变化，应用在各种与磁场有关的场合。使用在PG电机中时，霍尔安装在内部独立的电路板（霍尔电路板）。

图 4-51　霍尔 44E 和安装位置

见图4-52，PG电机内部的转子上装有磁环，霍尔电路板上的霍尔与磁环在空间位置上相对应。

PG电机转子旋转时带动磁环转动，霍尔将磁环的感应信号转化为高电平或低电平的脉冲电压由输出脚输出至主板CPU；转子旋转一圈，霍尔会输出一个脉冲信号电压或几个脉冲信号电压（厂家不同，脉冲信号数量不同），CPU根据脉冲电压（即霍尔信号）计算出电机的实际转速，并与目标转速相比较，如有误差则改变光耦晶闸管的导通角，从而改变PG电机的转速，使实际转速与目标转速相对应。

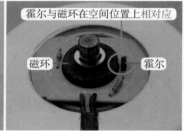

图 4-52　磁环和霍尔对应关系

2. 工作原理

霍尔反馈电路原理图见图4-53，实物图见图4-54，霍尔输出引脚电压与CPU引脚电压的对应关系见表4-17，电路作用是向CPU提供PG电机的实际转速。PG电机内部电路板通过CN4插座和室内机主板连接，共有3根引线，即供电直流12V、霍尔反馈输出、地。

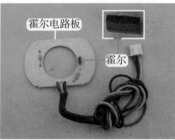

PG电机开始转动时，内部电路板霍尔IC1的3脚输出代表转速的信号（即霍尔信号），经电阻R3、R7送至CPU的14脚，CPU通过霍尔数量计算出PG电机的实际转速，并与内部数据相比较，如转速高于或低于正常值即有误差，CPU（16）输出信号通过改变晶闸管的导通角，改变PG电机线圈插座的供电电压，从而改变PG电机的转速，使实际转速与目标转速相同。

待机状态下用手拨动贯流风扇时霍尔输出引脚会输出高电平或低电平，表中数值为直流12V电压实测为12V时测得，如果直流12V上升至直流15V，则各个引脚的电压也相应升高。

▼ 表4-17　　　　　**霍尔输出引脚电压与CPU引脚电压对应关系**

项目	IC1：1脚供电	IC1：3脚输出	CN4反馈引线	CPU：14脚霍尔
IC1输出低电平	11.4V	0V	0V	0V
IC1输出高电平	11.4V	8V	7.6V	5.6V
正常运行	11.4V	4V	3.8V（3.5~3.9V）	2.7V（2.5~3V）

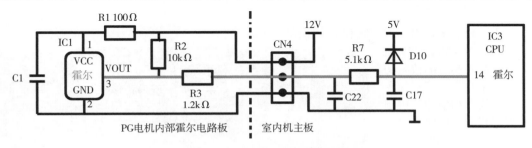

图4-53　霍尔反馈电路原理图

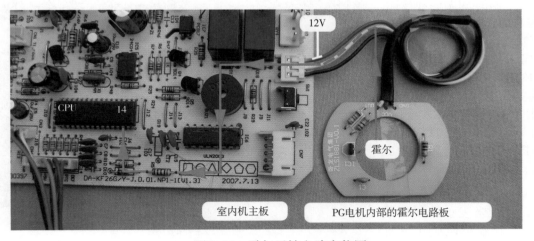

图4-54　霍尔反馈电路实物图

第六节　遥控器电路

1. 组成

遥控器是一种远控机械的装置，遥控距离≥7m，见图4-55左图，由电路板、显示屏、按键、后盖、前盖、电池盖组成，控制电路单设有一个CPU，位于电路板上面。

2. 显示流程

电路板和LCD显示屏通过斑马线式导电胶相连，斑马线式导电胶是一种多个引线并联的导电橡胶；CPU需要控制显示屏显示时，见图4-55右图，输出的控制信号经导电胶送至显示屏，从而控制显示屏按CPU的要求显示。

3. 发射二极管驱动电路

发射二极管驱动电路原理图和实物图见图4-56。

当按压按键时，CPU通过引脚检测到相应的按键功能（如"开关"），经过指令编码器转换为相应的二进制数字编码指令（以便遥控信号被室内机主板CPU识别读出），再送至编码调制器，将二进制的编码指令调制在38kHz的载频信号上面，形成调制信号从22脚输出，经R4送至三极管Q1的基极（B），Q1的集电极（C）和发射极（E）导通，3V电压正极经电阻R9、红外发光二极管（发射二极管）IR1、Q1到3V电压负极，IR1将调制信号发射出去，发射距离约7m。

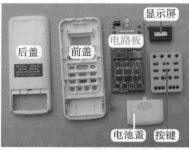
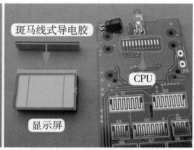

图 4-55　显示屏驱动流程

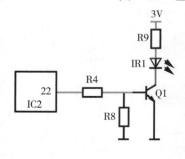

图 4-56　发射二极管驱动电路原理图和实物图

4. 遥控器检查方法

遥控器发射的红外线信号，肉眼看不到，但手机的摄像头却可分辨出来。方法是使用手机的摄像功能，见图4-57，将遥控器发射二极管对准手机摄像头，在按压按键的同时观察手机屏幕，如果在手机屏幕上观察到发射二极管发光，则说明遥控器正常，如按压按键同时，发射二极管并不发光，则说明遥控器有故障。

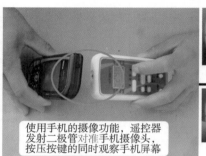

使用手机的摄像功能，遥控器发射二极管对准手机摄像头，按压按键的同时观察手机屏幕

发射二极管发光：遥控器正常

发射二极管不发光：遥控器损坏

图 4-57　使用手机检查遥控器

空调器维修从入门到精通

柜式空调器电控系统工作原理

第五章

第一节 典型单相供电柜式空调器电控系统

本节以美的KFR-51LW/DY-GA（E5）柜式空调器电控系统为基础，对柜式空调器的电控系统作简单介绍。

一、电控系统组成

电控系统主要由室内机主板、显示板、传感器、变压器、室内风机、同步电机等主要元件组成。

1. 电控盒主要部件

电控盒位于离心风扇上方，见图5-1，设有室内机主板、变压器、室内风机电容、压缩机继电器、辅助电加热继电器（2个）、室内外机接线端子等。

说明

> 压缩机继电器和辅助电加热继电器设计位置根据机型不同而不同，大部分品牌空调器通常安装在室内机主板上面。

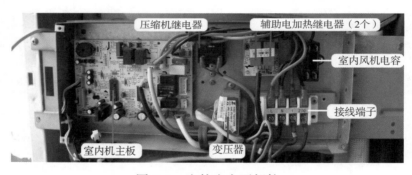

图 5-1 电控盒主要部件

2. 室内机主板主要元件和插座

室内机主板主要元件和插座见图5-2。

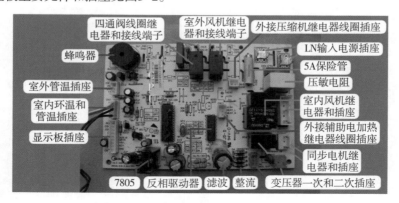

图 5-2 室内机主板主要元件和插座

主要元件：CPU、晶振、反相驱动器、7805、整流二极管、滤波电容、蜂鸣器、5A保险管、压敏电阻、PTC电阻、室外风机继电器、四通阀线圈继电器、同步电机继电器、室内风机高风和低风继电器。

插座：变压器一次绕组插座、变压器二次绕组插座、显示板插座、室内环温和管温传感器插座、室外管温传感器插座、压缩机继电器线圈插座、辅助电加热继电器线圈插座、室外风机接线端子、四通阀线圈接线端子、交流电源L输入接线端子、交流电源N输入接线端子、室内风机插座、同步电机插座。

3. 显示板主要元件和插座

显示板主要元件和插座见图5-3。

主要元件：接收器、显示屏、按键、显示屏驱动芯片。

插座：只有1个，连接至室内机主板。

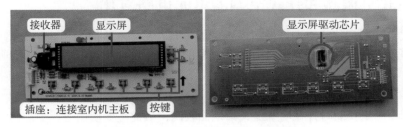

图 5-3　显示板主要元件和插座

二、室内机主板方框图

柜式空调器室内机主板和挂式空调器主板一样，均由单元电路组成，图5-4为室内机主板电路方框图，主板通常可分四部分电路。

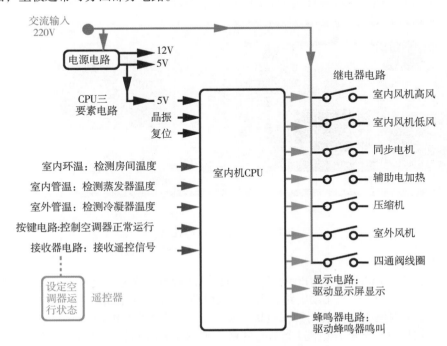

图 5-4　室内机主板电路方框图

① 电源电路。

② CPU三要素电路。

③ 输入部分信号电路：包括传感器电路（室内环温、室内管温、室外管温）、按键电路、接收器电路。

④ 输出部分负载电路：包括显示电路、蜂鸣器电路、继电器电路（室内风机、同步电机、辅助电加热、压缩机、室外风机、四通阀线圈）。

说明

单元电路根据空调器电控系统设计不同而不同，如部分柜式空调器室内机主板输入部分还设有电流检测电路、存储器电路等。

三、柜式空调器和挂式空调器单元电路对比

虽然柜式空调器和挂式空调器的室内机主板单元电路基本相同，由电源电路、CPU三要素电路、输入部分电路、输出部分电路组成，但根据空调器设计形式的特点，部分单元电路还有一些不同之处。

1. 按键电路

挂式空调器由于安装时挂在墙壁上，离地面较高，因此主要使用遥控器控制，按键电路通常只设1个应急开关，见图5-5（a）。

柜式空调器就安装在地面上，可以直接触摸到，因此使用遥控器和按键双重控制，电路设有6个及以上的按键，见图5-5（b），通常只使用按键即能对空调器进行全面控制。

2. 显示方式

见图5-5，早期挂式空调器通常使用指示灯，柜式空调器通常使用显示屏，而目前的空调器（挂式和柜式）则通常使用显示屏或显示屏＋指示灯的形式。

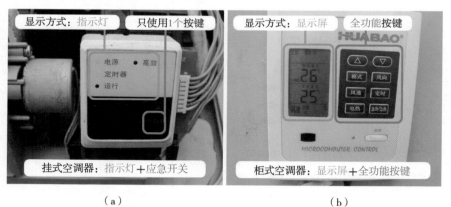

（a）　　　　　　　　　　　　　　　（b）

图 5-5　显示方式对比

3. 室内风机

挂式空调器室内风机普遍使用PG电机，转速由晶闸管通过改变交流电压有效值来改变，因此设有过零检测电路、PG电机驱动电路、霍尔反馈电路共3个单元电路。

柜式空调器室内风机普遍使用抽头电机，见图5-6，转速由继电器通过改变电机抽头的供电来改变，因此只设有继电器电路1个单元电路，取消了过零检测电路和霍尔反馈电路2个单元电路。

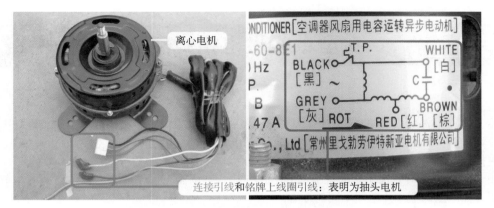

图 5-6　柜式空调器室内风机为抽头电机

4. 风向调节

见图5-7（a），挂式空调器通常使用步进电机控制导风板的上下转动，左右导风板只能手动调节，步进电机为直流12V供电，由反相驱动器驱动。

柜式空调器则正好相反，见图5-7（b），使用同步电机控制导风板的左右转动，上下导风板只能手动调节，同步电机为交流220V供电，由继电器驱动。

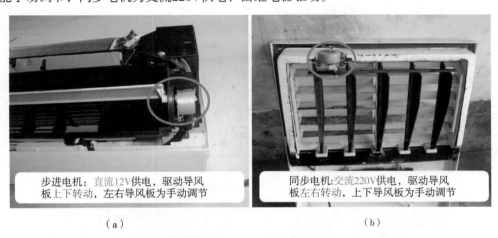

（a）　　　　　　　　　　　　　　（b）

图 5-7　风向调节对比

5. 辅助电加热

挂式空调器辅助电加热功率小，约400～800W；而柜式空调器使用的辅助电加热通常功率比较大，约1200～2500W。

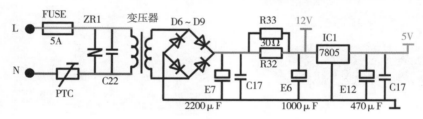

第二节　典型单相供电柜式空调器单元电路

本节主要以美的KFR-51LW/DY-GA（E5）柜式空调器室内机主板为基础，简单介绍柜式空调器单元电路，如无特别说明，单元电路原理图和实物图均为美的KFR-51LW/DY-GA（E5）室内机主板和显示板。

由于柜式空调器电控系统的主板单元电路和挂式空调器工作原理基本相同，因此本节只详细介绍与挂式空调器单元电路不同的地方。

一、电源电路

电源电路原理图见图5-8，实物图见图5-9。工作原理和挂式空调器相同，电路作用是为室内机主板提供直流12V和直流5V电压。

交流电源输入L端和N端分别经5A保险管和PTC电阻送至变压器一次绕组插座CN5，变压器将交流220V降至约12V后，经二次绕组插座CN2送至室内机主板上由D6～D9组成的桥式整流电路，成为脉动直流电，再经主滤波电容E7（2200μF）滤波，成为纯净的直流12V电压，为12V负载供电；其中1个支路送至IC1（7805）①脚的输入端，经内部电路稳压后，其③脚输出端输出稳定的直流5V电压为5V负载供电。R33和R32并联，作为限流电阻串接在直流12V正极供电回路。

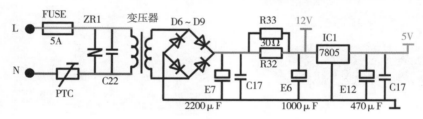

图 5-8　电源电路原理图

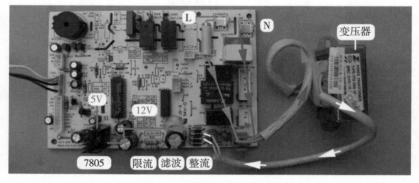

图 5-9　电源电路实物图

二、CPU 三要素电路

1. CPU 引脚功能

CPU型号：MC68HC908，美的厂家标示为JL8CSPE6L39J，简称"JL8"，适用于单相或三相供电的柜式空调器电控系统，共有32引脚，引脚功能见表5-1。

JL8 引脚功能

输入引脚			输出引脚		
引脚	英文代号	功能	引脚	英文代号	功能
26	SW–KEY	按键开关	25、28、29	CS、CR、DATA	显示屏
27	REC	遥控信号	16、19	BUZ	蜂鸣器
21	room	室内环温	2	STEP	同步电机
22	pipe	室内管温	6	FAN-IN-H	室内风机高风
20	outside	室外管温	8	FAN-IN-L	室内风机低风
⑭、⑮脚：机型选择			13	HEAT	辅助电加热
本机未用：㉓、㉔脚背景灯，⑫脚曲轴箱加热			9	COMP	压缩机
⑱脚：室外机保护，本机直接接地			10	FAN-OUT	室外风机
⑰、㉛脚接地，①脚空，和㉜脚通过电容接地			11	VALVE	四通阀线圈
CPU三要素电路					
7	VDD	5V供电	4	X2	晶振
3	VSS	地	5	X1	晶振
			30	RST	复位

2. 主板背面

本机（或其他型号空调器目前的机型）室内机主板背面大量使用贴片元件，见图5-10，可降低成本并提高稳定性。

此处需要说明的是，在本节的单元电路实物图中，只显示正面的元件，如果实物图与单元电路原理图相比，缺少电阻、电容、二极管等元件，是这些元件使用贴片元件，安装在室内机主板背面。

3. 工作原理

CPU三要素电路原理图见图5-11，实物图见图5-12。工作原理和挂式空调器相同，电路

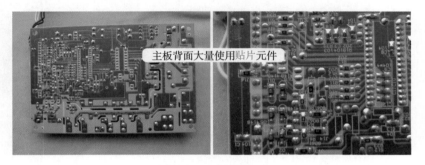

图5-10　主板背面

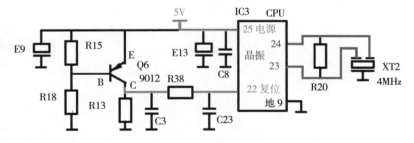

图5-11　CPU三要素电路原理图

作用是为CPU提供必要的工作条件。

7805③脚输出端输出的直流5V电压直供CPU⑦脚电源引脚，XT2晶振和CPU内部电路共同产生稳定的4MHz时钟信号，复位电路将CPU内部程序清零，工作原理可参见第四章第二节第二部分内容。

图 5-12　CPU 三要素电路实物图

三、显示电路

1. 连接引线

见图5-13，室内机主板和显示板使用1束7根的连接线连接，从右图可以看出，室内机主板插座上有2个引针未安装引线。

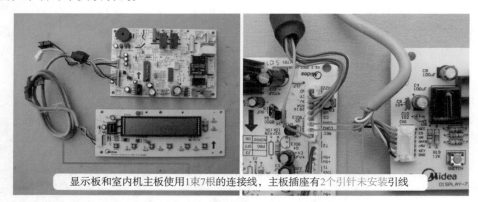

图 5-13　主板和显示板连接引线

2. 插座引针功能

插座引针功能见图5-14，室内机主板插座代号为CN22，共有9个引针，其中有2个为空针不起作用；显示板插座代号为CN1，共有7个引针，和CN22插座的引针一一对应，引针功能见表5-2。

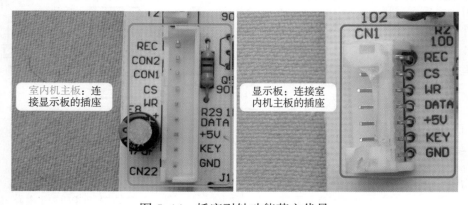

图 5-14　插座引针功能英文代号

表 5-2　　　　　　　　　　插座引针功能

CN22	CN1	功能	CN22	CN1	功能
REC	REC	遥控信号，送至CPU㉗脚	WR	WR	时钟，连接CPU和驱动芯片
CON2		显示屏背景灯光	DATA	DATA	数据，连接CPU和驱动芯片
CON1		控制，本机未用	5V	5V	5V，主板为显示板供电正极
CS	CS	片选，连接CPU和驱动芯片	KEY	KEY	按键信号，送至CPU㉖脚
			GND	GND	地，主板为显示板供电负极

3. 显示屏显示原理

（1）显示屏驱动芯片 1621b

LCD显示屏使用的驱动芯片为1621b。1621b是128（32×4）点阵式存储器映射多功能LCD驱动集成电路，共有48个引脚，在本机应用时有许多为空脚，主要引脚见表5-3。

1621b的⑨脚为片选信号输入端，由CPU㉕脚控制，引脚为高电平时，数据不能读入和写出，并对串行数据接口电路复位；引脚为低电平时，室内机主板CPU和1621b之间可以传输数据和命令。

⑪脚为时钟信号输入端，由CPU㉘脚控制。⑫脚为串行数据的输入和输出，和CPU㉙脚相连，CPU输出的显示命令就是由此脚发出。

表 5-3　　　　　　　　　1621b 主要引脚功能

9	CS	片选，接CPU㉕	供电引脚		21、22、23、24、8、6、4、2、1、48、
11	WR	时钟，接CPU㉘	16、17	5V	46、44、42、40、38、36、34、32：输出端，
12	DATA	数据，接CPU㉙	13	地	共18个引脚，驱动显示屏

（2）显示屏控制流程

显示屏控制流程见图5-15，空调器上电时，CPU片选引脚为高电平，对1621b进行复位，显示屏字符全部显示，约2s后全灭，进入正常的待机状态；当CPU需要控制显示屏显示字符时，㉕脚片选1621b⑨脚，CPU㉘脚向1621b⑪脚发送时钟信号，将需要显示字符的命令由CPU㉙脚输出，送至1621b⑫脚，1621b处理后，驱动显示屏按CPU命令显示相应的字符。

图 5-15　显示屏控制流程

四、遥控接收电路

遥控接收电路原理图见图5-16，实物图见图5-17，工作原理和挂式空调器相同，电路作用是为CPU提供遥控信号。

遥控器发射含有经过编码的调制信号以38kHz为载波频率，发送至位于显示板上的接收器REC，REC将光信号转换为电信号，并进行放大、滤波、整形，经R29送至CPU㉗脚，CPU内部电路解码后得出遥控器的按键信息，从而对电路进行控制；CPU每接收到遥控信号后会控制蜂鸣器响一声给予提示。

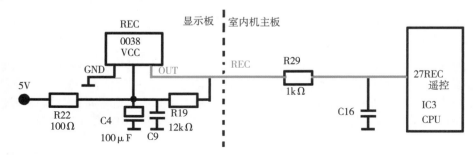

图 5-16　接收器电路原理图

图 5-17　接收器电路实物图

五、按键电路

1. 室内机操作面板按键

室内机操作面板共有8个按键，见图5-18左图，其中6个为主要功能按键，即开/关、模式、风速、上调、下调、辅助功能；2个为辅助按键，即试运行和锁定。

2. 显示板按键

相对应的显示板也设有8个按键，见图5-18右图，和室内机操作面板一一对应，8个按键实物外观相同。

3. 工作原理

按键电路原理图见图5-19，实物图见

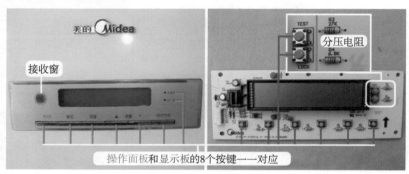

操作面板和显示板的8个按键一一对应

图 5-18　显示板按键

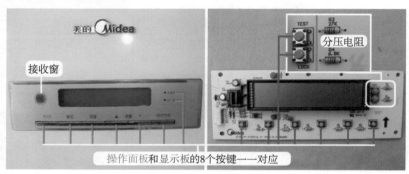（左侧竖排）空调器维修从入门到精通

图5-20，按键状态与CPU引脚电压的对应关系见表5-4。

功能按键设有8个，而CPU只有㉖脚共1个引脚检测按键，基本工作原理为分压电路，上分压电阻为R38，按键和串联电阻为下分压电阻，CPU㉖脚根据电压值判断按下按键的功能，从而对整机进行控制。

比如㉖脚电压为2.5V时，CPU通过计算，得出"上调"键被按压一次，控制显示屏的设定温度上升一度，同时与室内环温温度相比较，控制室外机负载的工作与停止。

▼ 表5-4　　　　　　　　　　**按键状态与 CPU 引脚电压对应关系**

按键英文	中文名称	按下时 CPU 电压	按键英文	中文名称	按下时 CPU 电压
SWITCH	开/关	0V	DOWN	下调	3V
MODE	模式	3.96V	ASSISTANT	辅助功能	4.3V
SPEED	风速	1.7V	LOCK	锁定	2V
UP	上调	2.5V	TEST	试运行	3.6V

注：未按压任何按键，CPU㉖ 脚电压为直流 5V

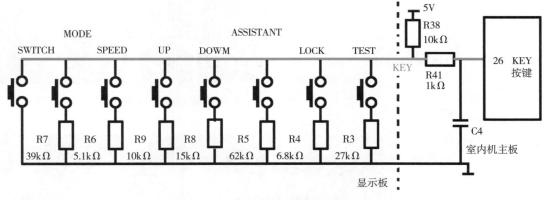

图 5-19　按键电路原理图

图 5-20　按键电路实物图

4. 常见故障

常见故障是按键触点内阻阻值变大，按键内阻和串联电阻成为下分压电阻，按键按下时㉖脚电压改变，CPU通过电压值计算出对应的按键，出现操作控制错误的故障。

比如风速（SPEED）按键，按下按键时正常阻值为0Ω，CPU㉖脚电压为1.7V；但当空调器使用一段时间以后，按键触点接触不良，即内阻阻值变大，假如内阻阻值约为5kΩ，按压风速按键时，下分压电阻为5 kΩ（内阻阻值）+5.1 kΩ（串联电阻阻值），㉖脚电压约为2.5V，CPU通过计算，判断按下的按键为"上调"键，出现控制错误的故障。

六、传感器电路

1. 传感器安装位置和实物外形

（1）室内环温传感器

室内环温传感器固定在离心风扇进风口的罩圈上面，见图5-21，作用是检测室内房间温度。

（2）室内管温传感器

室内管温传感器检测孔焊接在蒸发器的管壁上面，见图5-22，作用是检测蒸发器温度。

（3）室外管温传感器

室外管温传感器检测孔焊在冷凝器管壁上面，见图5-23，作用是检测冷凝器温度。

（4）实物外形

传感器均只有2根引线，见图5-24，不同的是室内环温传感器使用塑封探头，室内管温和室外管温传感器使用铜头探头。

2. 工作原理

传感器电路原理图见图5-25，实物图见图5-26，工作原理和挂式空调器相同，电路作用是为CPU提供温度信号。

传感器为负温度系数的热敏电阻，与下偏置电阻（R7、R8、R6）组成分压电路，传感器温度变化时，阻值也随之变化，分压点电压即CPU引脚电压也随之改

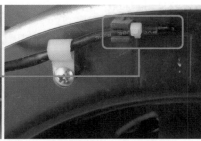

室内环温传感器：安装在进风口罩圈上面，作用是检测房间温度

图 5-21　室内环温传感器安装位置

室内管温传感器：检测孔焊在蒸发器管壁上，作用是检测蒸发器温度

图 5-22　室内管温传感器安装位置

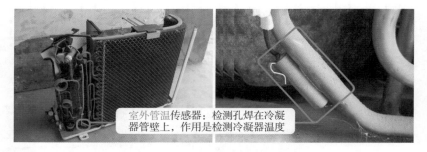

室外管温传感器：检测孔焊在冷凝器管壁上，作用是检测冷凝器温度

图 5-23　室外管温传感器安装位置

室内环温传感器：使用塑封探头

室内管温传感器：引线最长，使用铜头探头

室外管温传感器：使用铜头探头

图 5-24　3个传感器实物外形

变，CPU根据引脚（㉑、㉒、⑳）电压值计算出室内环温、室内管温、室外管温传感器的实际温度值，从而对整机电控系统进行控制。

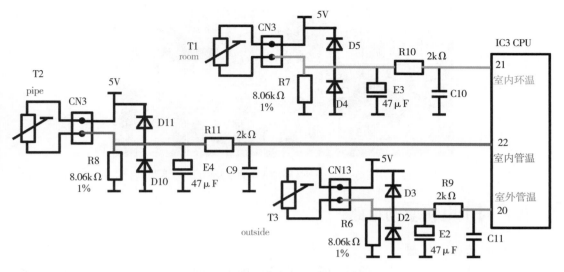

图 5-25　传感器电路原理图

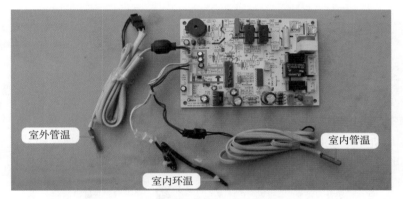

图 5-26　传感器电路实物图

七、蜂鸣器驱动电路

蜂鸣器驱动电路原理图见图5-27，实物图见图5-28。电路作用主要是提示已接收遥控信号或按键信号，并且已处理。与挂式空调器的蜂鸣器单元电路不同，本机使用蜂鸣器发出的声音为和弦音，而不是单调"滴"的一声。

CPU设有2个引脚（⑯、⑲）输出信号，经过Q3、Q2、Q1共3个三极管放大后，驱动蜂鸣器发出预先录制的声音。

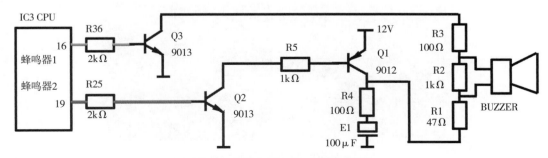

图 5-27　蜂鸣器驱动电路原理图

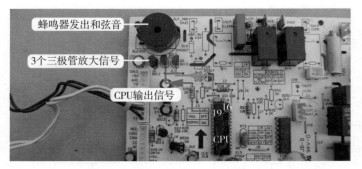

图 5-28 蜂鸣器驱动电路实物图

八、同步电机驱动电路

1. 同步电机安装位置

同步电机通常使用在柜式空调器上面，安装在室内机上部的右侧，见图5-29，作用是驱动导风板左右转动，使室内风机吹出的风到达用户需要的地方。

柜式空调器的上下导风板一般为手动调节，但目前的部分空调器改为自动调节，且通常使用步进电机驱动。

2. 同步电机实物外形

示例同步电机型号为SM014B，见图5-30，共有2根连接引线，1根地线。工作电压为交流220V、频率50Hz、功率为4W、每分钟转速约5圈（4.1/5r/min）。

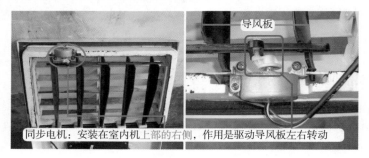

图 5-29　同步电机安装位置

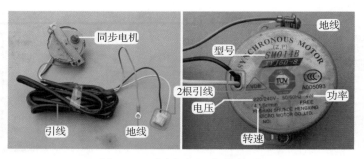

图 5-30　同步电机实物外形

3. 工作原理

同步电机驱动电路原理图见图5-31，实物图见图5-32，CPU引脚电压与同步电机状态的对应关系见表5-5。

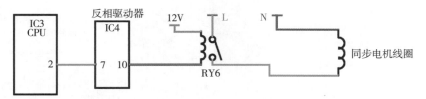

图 5-31　同步电机驱动电路原理图

同步电机工作电压为交流220V，由继电器提供；CPU输出信号经反相驱动器放大，驱动继电器线圈，工作原理和挂式空调器的继电器驱动电路相同，本节只简单介绍工作流程。

CPU②脚为同步电机控制引脚，当CPU接收到信号需要控制同步电机运行时，引脚电压由低电平0V变为高电平5V，送到反相驱动器IC4的⑦脚，

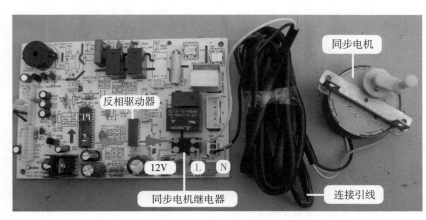

图 5-32　同步电机驱动电路实物图

IC4内部电路翻转，⑩脚为低电平约0.8V，继电器RY6线圈电压约11.2V，产生电磁吸力使触点闭合，同步电机线圈接通交流电源220V，电机转子开始转动，带动左右导风板旋转；如CPU需要控制停止运行时，②脚变为低电平0V，反相驱动器停止工作，RY6线圈电压为直流0V，触点断开，同步电机因无供电也停止运行。

▼ 表 5-5　　　　CPU 引脚电压与同步电机状态对应关系

CPU②脚	IC4⑦脚	IC6⑩脚	RY6线圈电压	触点状态	同步电机
5V	5V	0.8	11.2V	闭合	工作
0V	0V	12V	0V	断开	停止

4. 内部构造

同步电机内部构造见图5-33，由外壳、定子（内含线圈）、转子、变速齿轮、输出接头、上盖、连接引线及插头组成。

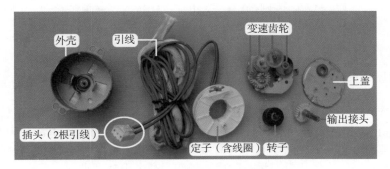

图 5-33　同步电机内部构造

5. 测量同步电机线圈阻值

同步电机只有2根引线，使用万用表电阻挡，见图5-34，测量引线阻值，实测约为8.6kΩ。根据型号不同，阻值也不相同，某型号同步电机实测阻值约10kΩ。

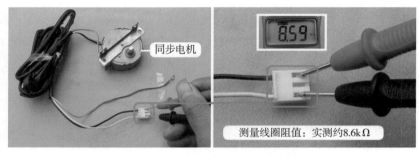

测量线圈阻值：实测约8.6kΩ

图 5-34　测量同步电机线圈阻值

九、室内风机驱动电路

1. 调速原理

柜式空调器室内风机用于驱动离心风扇，通常使用抽头电机调速，本机室内风机型号为YDK60-8E，2挡风速即高速和低速，线圈同样由运行绕组R和启动绕组S组成，与单速电机线圈相比，启动绕组由S1和S2组成，S1绕组又称为中间绕组，用来调节转速。线圈引线中灰线为高速，红线为低速。

（1）高速

当交流电源L端为灰线抽头供电时，灰黑引线为运行绕组，灰棕引线为启动绕组，室内风机工作在高速状态。

（2）低速

当交流电源L端为红线抽头供电时，红黑引线为运行绕组，红棕引线为启动绕组，相当于将启动绕组中S1部分串联至运行绕组、减少启动绕组线圈的匝数，使得定子与转子气隙中形成的旋转磁势幅值降低，引起电机输出的力矩下降，因此室内风机的转速下降，工作在低速状态。

2. 工作原理

室内风机驱动电路原理图见图5-35，实物图见图5-36，CPU引脚电压与室内风机状态的对应关系见表5-6。

▼ 表 5-6　　　　　CPU 引脚电压与室内风机状态对应关系

CPU 引脚	反相驱动器	继电器线圈	触点状态	室内风机状态
⑥脚：5V	⑥脚：5V　⑪脚：0.8V	RY5：11.2V	RY5：1-3闭合	L端为灰色抽头供电，高速运行
⑧脚：0V	⑤脚：0V　⑫脚：12V	RY7：0V	RY7:断开	
⑥脚：0V	⑥脚：0V　⑪脚：12V	RY5：0V	RY5：1-4闭合	L端为红色抽头供电，低速运行
⑧脚：5V	⑤脚：5V　⑫脚：0.8V	RY7：11.2V	RY7:闭合	
⑥脚：0V	⑥脚：0V　⑪脚：12V	RY5：0V	RY5：1-3断开	抽头无L端供电，停止运行
⑧脚：0V	⑤脚：0V　⑫脚：12V	RY7：0V	RY7:断开	

由于室内风机只有2挡转速，相对应的室内机主板设有2个继电器，CPU的室内风机控制引脚设有2个。

当CPU需要控制室内风机高速运行时，⑥脚变为高电平5V（此时⑧脚电压为0V），送至反相驱动器IC4的⑥脚，IC4的⑪脚为低电平约0.8V，继电器RY5线圈电压约为直流11.2V，产生电磁吸力使常开触点（1-3）闭合，电源L端为灰线抽头供电，室内风机工作在高速状态。

当CPU需要控制室内风机低速运行时，⑧脚变为高电平5V（此时⑥脚电压为0V），经反相驱动器放大后，使得继电器RY7触点闭合，电源L端经RY5常闭触点（1-4）、RY7触点为红线抽头供电，室内风机工作在低速状态。

如果CPU⑥脚和⑧脚电压同时为0V，室内风机停止运行；RY5继电器设有常开和常闭触点，可防止CPU在控制风速转换的瞬间同时为高速和低速抽头供电。

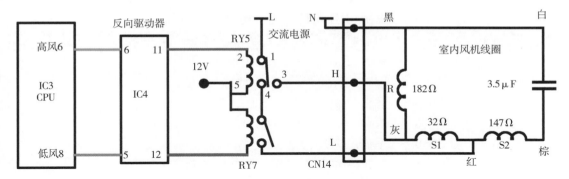

图 5-35　室内风机驱动电路原理图

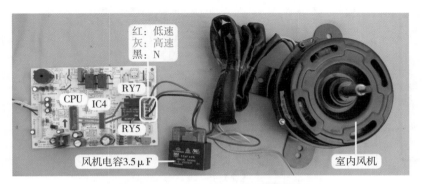

图 5-36　室内风机驱动电路实物图

十、辅助电加热驱动电路

电路作用是在冬季制热模式，控制电加热器的工作与停止，从而提高制热效果。由于电加热器功率比较大，因此使用2个继电器，并且单独设1个小板，位于电控盒上面。

1. N端继电器

2个继电器触点分别控制交流电源L端和N端，其中N端继电器线圈和压缩机继电器线圈并联，也就是说，无论是制冷模式还是制热模式，只在CPU控制压缩机工作，N端继电器也开始工作，但由于L端继电器未工作，辅助电加热同样处于停止状态。

N端继电器线圈与压缩机继电器线圈并联，使辅助电加热工作在压缩机运行之后，并且可在制热防过载保护中关闭压缩机，同时关闭辅助电加热，相比之下多了一道保护功能。

2. 工作原理

辅助电加热驱动电路原理图见图5-37，实物图见图5-38，CPU引脚电压与辅助电加热状态对应关系见表5-7。

空调器工作在制热模式，压缩机、室外风机、四通阀线圈首先工作，系统工作在制热状态，同时N端继电器触点闭合，接通N端电源。

当CPU接收到遥控器"辅助电加热开启"的信号或其他原因，需要控制辅助加热开启时，⑬脚变为高电平5V，送到反相驱动器IC4的①输入端，其对应输出端⑯脚为低电平约0.8V，L端继电器线圈电压约为直流11.2V，产生电磁吸力使触点闭合，接通L端电压，经可恢复温度开关、一次性温度保险、电加热器与N端电源组成回路，辅助电加热开始工作；当CPU需要控制辅助电加热停止工作时，⑬脚变为低电平0V，使得L端继电器触点断开，辅助电加热停止工作；在某种特定情况如"制热防过载保护"，CPU控制压缩机停机时，辅助电加热也同时停止工作。

▼ **表 5-7**　　　　　　**CPU 引脚电压与辅助电加热状态对应关系**

CPU	反相驱动器		继电器线圈电压	触点状态	辅助电加热状态
⑬脚：5V	①脚：5V	⑯脚：0.8V	L端：11.2V	闭合	开启
⑨脚：5V	④脚：5V	⑬脚：0.8V	N端：11.2V	闭合	
⑬脚：5V	①脚：5V	⑯脚：0.8V	L端：11.2V	闭合	关闭
⑨脚：0V	④脚：0V	⑬脚：12V	N端：0V	断开	
⑬脚：0V	①脚：0V	⑯脚：12V	L端：0V	断开	关闭
⑨脚：5V	④脚：5V	⑬脚：0.8V	N端：11.2V	闭合	

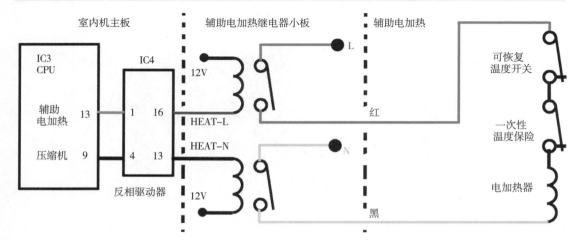

图 5-37　辅助电加热驱动电路原理图

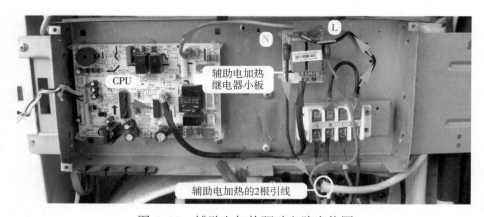

图 5-38　辅助电加热驱动电路实物图

十一、室外机负载驱动电路

　　室外机负载为压缩机、室外风机、四通阀线圈，室内机主板设有3路相同的继电器电路用于单独控制，压缩机由于功率较大因而运行电流也比较大，相对应的继电器未安装在室内机主板上面，而是固定在电控盒内。

　　室外机负载驱动电路原理图见图5-39，实物图见图5-40，CPU引脚电压与室外机负载状态的对应关系见表5-8。

　　3路继电器工作原理相同，以压缩机继电器为例。当CPU⑨脚电压为高电平5V时，至反相驱动器IC4的④脚输入端，其对应输出端⑬脚为低电平约0.8V，继电器RY3线圈电压约为直流11.2V，产生电磁吸力使触点闭合，压缩机开始工作；当CPU需要控制压缩机停机时，其⑨脚变为低电平0V，使得继电器RY3触点断开，压缩机因无交流电源而停机。

▼ 表 5-8　　　　　　　CPU 引脚电压与室外机负载状态对应关系

CPU 引脚	反相驱动器		继电器线圈电压	触点状态	负载状态
⑨脚：5V	④脚：5V	⑬脚：0.8V	RY3：11.2V	闭合	压缩机运行
⑨脚：0V	④脚：0V	⑬脚：0V	RY3：0V	断开	压缩机停止
⑩脚：5V	③脚：5V	⑭脚：0.8V	RY4：11.2V	闭合	室外风机运行
⑩脚：0V	③脚：0V	⑭脚：0V	RY4：0V	断开	室外风机停止
⑪脚：5V	②脚：5V	⑮脚：0.8V	RY2：11.2V	闭合	四通阀线圈开启
⑪脚：0V	②脚：0V	⑮脚：0V	RY2：0V	断开	四通阀线圈关闭

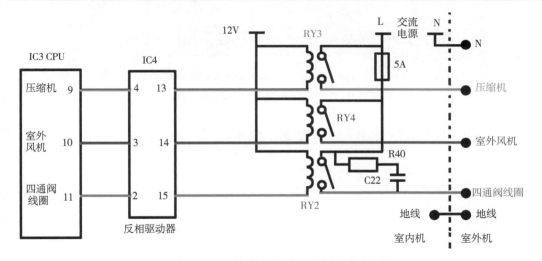

图 5-39　室外机负载驱动电路原理图

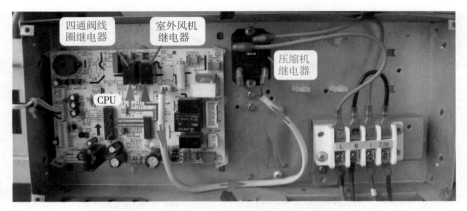

图 5-40　室外机负载驱动电路实物图

常见三相供电柜式空调器制冷量为7000W（3P）或12000W（5P），其电控系统室内机单元电路和单相供电的柜式空调器基本相同，见图5-41。本节示例机型主板选用美的KFR-71LW/SDY-S3三相供电的柜式空调器，对比机型选用美的KFR-51LW/DY-GA（EA）单相供电的柜式空调器。

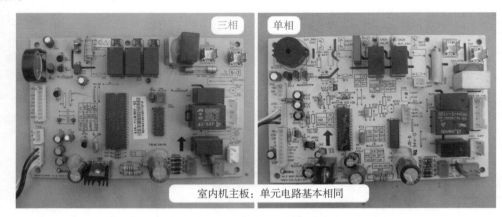

图 5-41　单相供电和三相供电柜式空调器室内机主板对比

一、三相和单相供电柜式空调器区别

使用三相供电的柜式空调器，和使用单相供电的柜式空调器相比，虽然单元电路基本相同，但也具有独自的特点，对比区别如下。

1. 室外机

（1）压缩机启动方式（见图5-42）

目前三相柜式空调器通常使用涡旋式压缩机，早期使用活塞式压缩机，均为直接启动运行。单相供电空调器通常使用旋转式压缩机，由电容启动运行。

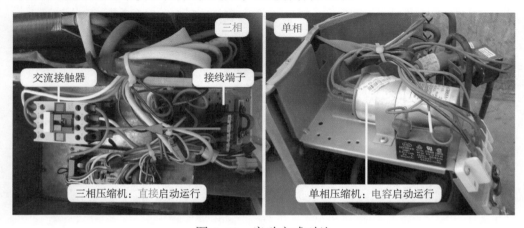

图 5-42　启动方式对比

（2）交流接触器（见图5-43）

三相空调器相线共有3根，直供压缩机线圈，因此使用三触点式交流接触器。

单相空调器交流电源共使用2根引线，且在实际应用时零线N直接连接压缩机运行绕组，只控制相线L的接通与断开，通常使用双极式交流接触器（只有2组触点）。

说明

图5-43（b）为美的 KFR-72LW/DY-F（E4）柜式空调器室外机电控系统。通常制冷量为5000W的空调器室外机不设交流接触器。

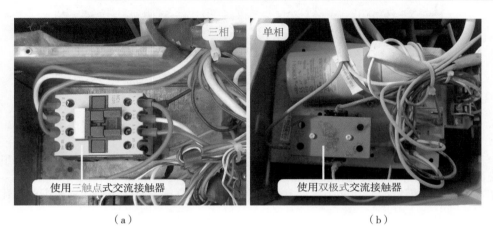

（a）　　　　　　　　　　　　（b）

图 5-43　交流接触器对比

（3）电路板（见图5-44）

由于使用涡旋式压缩机的三相供电相序不能有误，因此室外机必定设有电路板，最简单的电路板也得具有相序检测功能。

单相空调器室外机则通常未设计电路板，只有压缩机电容和室外风机电容。

单相空调器室外机通常不设电路板

图 5-44　室外机电路板对比

2. 室内机主板

（1）室外机电路板接口电路（见图5-45）

由于三相柜式空调器的室外机设有电路板，通常在室内机主板也设有室外机电路板的接口电路。

单相空调器由于没有设计室外机主板，因此未设计接口电路。

说明

　　如果室外机电路板只具有相序检测功能，则室内机主板不用再设计接口电路。

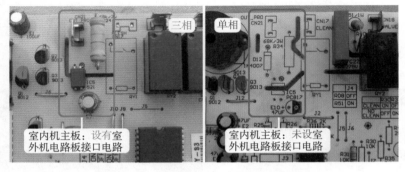

图 5-45　室外机电路板接口电路对比

（2）压缩机继电器（见图 5-46）

　　三相柜式空调器压缩机由于功率大，使用交流接触器供电，室内机主板的压缩机继电器只是为交流接触器的线圈供电，因此外观和室外风机使用的继电器相同。

　　单相空调器压缩机相对功率小，通常使用继电器触点直接供电，因此压缩机继电器比室外风机使用的继电器体积要大一些。

说明

　　3P 单相柜式空调器，压缩机供电也使用交流接触器。

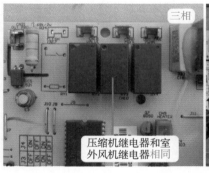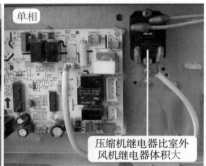

图 5-46　室内机主板上压缩机继电器对比

二、压缩机驱动电路

1. 压缩机控制器件

　　在室外机负载电路中，三相柜式空调器和单相柜式空调器基本相同，室内机主板为整机电控系统的控制中心，由室内机主板CPU控制继电器，经室内外机连接线控制室外风机和四通阀线圈；而压缩机由于功率较大，使用交流接触器（简称交接）控制压缩机的运行与停止，室内机主板的压缩机继电器只控制交流接触器线圈。通常室外机电路板只有检测相序等功能，整机的控制中心还在室内机主板CPU。

2. 工作原理

压缩机驱动电路原理图见图5-47，实物图见图5-48，CPU引脚电压与压缩机状态的对应关系见表5-9。

CPU㉝脚为压缩机控制引脚。当CPU需要控制压缩机运行时，㉝脚为高电平5V，反相驱动器IC4的③脚输入端为高电平5V，内部电路翻转，输出端⑭脚接地，电压约为0.8V，继电器RY3线圈电压约为11.2V，产生电磁吸力使触点闭合，U端电压经RY3触点至交流接触器线圈，与N构成回路，线圈电压为交流220V，产生电磁吸力使三端触点闭合，三相电源U-V-W的交流380V电压经交流接触器触点至压缩机线圈，压缩机运行，制冷系统开始工作。

当CPU需要控制压缩机停止运行时，㉝脚变为0V，反相驱动器③脚、⑭脚未工作，继电器RY3线圈电压也为0V，触点断开，交流接触器线圈电压变为交流0V，其三端触点也断开，压缩机线圈电压为交流0V，压缩机因无供电而停止运行。

CPU控制压缩机流程：CPU→反相驱动器→继电器→交流接触器→压缩机。

▼ 表 5-9　　CPU 引脚电压与压缩机状态对应关系

CPU	反相驱动器IC4		继电器RY3		交流接触器		压缩机	
㉝脚	③脚	⑭脚	线圈电压	触点	线圈电压	触点	线圈电压	状态
DC-5V	DC-5V	DC-0.8V	DC-11.2V	闭合	AC-220V	闭合	AC-380V	运行
DC-0V	DC-0V	DC-12V	DC-0V	断开	AC-0V	断开	AC-0V	停止

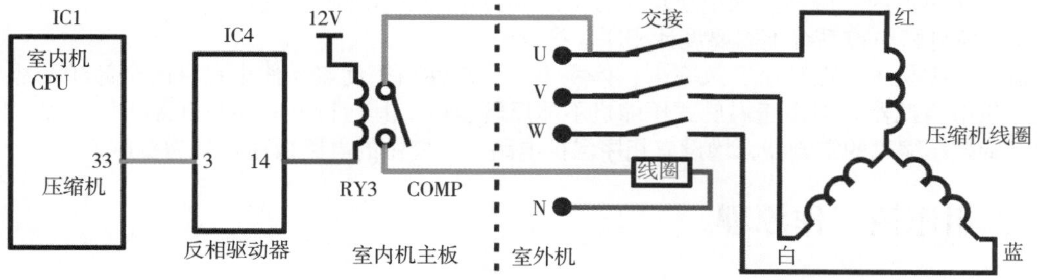

图 5-47　压缩机驱动电路原理图

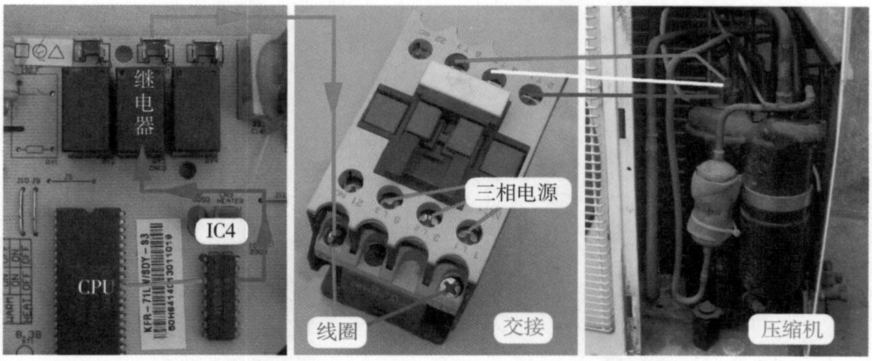

图 5-48　压缩机驱动电路实物图

第四节　相序保护电路

一、适用范围

部分3P和5P柜式空调器使用三相电源供电，对应压缩机有活塞式和涡旋式两种，实物外形见图5-49。

图 5-49　活塞式和涡旋式压缩机

活塞式压缩机由于体积大、能效比低、振动大、高低压阀之间容易窜气等缺点，逐渐减少使用，多见于早期的空调器。因电机运行方向对制冷系统没有影响，使用活塞式压缩机的三相供电空调器室外机电控系统不需要设计相序保护电路。

涡旋式压缩机由于振动小、效率高、体积小、可靠性高等优点，使用在目前全部5P及部分3P的三相供电空调器。但由于涡旋式压缩机不能反转运行，其运行方向要与电源相位一致，因此使用涡旋式压缩机的空调器，均设有相序保护电路，所使用的电路板通常称为相序板。

二、相序板工作原理

1. 实物外形

相序板见图5-50和图5-51，作用是在三相电源相序与压缩机供电相序不一致或缺相时断开控制电路，从而对压缩机进行保护。

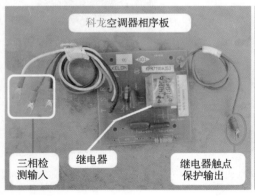

图 5-50　科龙和格力空调器相序板

空调器维修从入门到精通

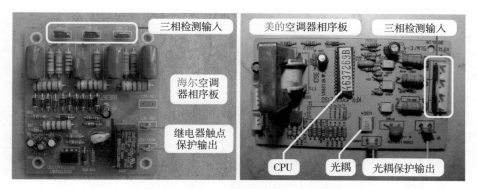

图 5-51　海尔和美的空调器相序板

有2种控制方式，即使用继电器触点和使用微处理器（CPU）控制光耦次级。输出端子一般串接在交流接触器的线圈供电回路或保护回路中，当遇到相序不对或缺相时，继电器触点断开（或光耦次级断开），交流接触器的线圈供电随之被断开，使得主触点断开，断开压缩机的供电，从而保护压缩机。

2. 工作原理

（1）继电器方式

科龙KFR-120LW/FG柜式空调器室外机相序板电路原理图见图5-52，电路由3个电阻、3个电容、1个继电器组成。当三相供电相序与压缩机工作相序一致时，继电器线圈两端电压为交流220V，线圈中有电流通过，产生吸力使触点导通；当三相供电相序与压缩机工作相序不一致或缺相时，继电器线圈两端电压低于交流220V较多，线圈通过的电流所产生的吸力很小，因而触点是断开的。

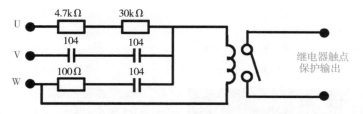

图 5-52　继电器式相序保护电路原理图

（2）微处理器（CPU）方式

美的KFR-120LW/K2SDY柜式空调室外机相序板相序检测电路简图见图5-53，电路由光耦、微处理器（CPU）、电阻等元件组成。

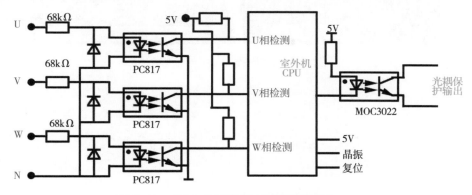

图 5-53　CPU式相序保护电路原理图

三相供电U、V、W经光耦（PC817）分别输送到CPU的3个检测引脚，由CPU进行分析和判断，当检测三相供电相序与内置程序相同（即符合压缩机运行条件）时，控制光耦（MOC3022）次级侧导通，相当于继电器触点闭合；当检测三相供电相序与内置程序不同时，控制光耦（MOC3022）次级截止，相当于继电器触点断开。

3. 各品牌空调器出现相序保护时故障现象

三相供电相序与压缩机供电相序不同时，电控系统会报出相应的故障代码或出现压缩机不运行的故障，根据空调器设计不同所出现的故障现象也不相同，以下是几种常见品牌的空调器相序保护串接型式。

① 海信、海尔、格力空调器　相序保护电路大多串接在压缩机交流接触器线圈供电回路中，所以相序错误时室外风机运行，压缩机不运行，空调器不制冷，室内机不报故障代码。

② 美的空调器　相序保护串接室外机保护回路中，所以相序错误时室外风机与压缩机均不运行，室内机报故障代码为"室外机保护"。

③ 科龙空调器　早期柜式空调器相序保护电路串接在室内机供电回路中，所以相序错误时室内机主板无供电，上电后室内机无反应。

由此可见，同为相序保护，由于厂家设计不同，表现的故障现象差别也很大，实际检修时要根据空调器电控系统设计原理，检查故障根源。

三、判断三相供电相序

三相供电电压正常，为判断三相供电相序是否正确时，可使用螺丝刀头等物品按压交接接触器上强制按钮，强制为压缩机供电，根据压缩机运行声音、吸气管和排气管温度、系统压力来综合判断。

1. 相序错误

三相供电相序错误时，压缩机由于反转运行，因此并不做功，见图5-54，主要表现如下。
① 压缩机运行声音沉闷。
② 手摸压缩机吸气管不凉、排气管不热，温度接近常温即无任何变化。
③ 压力表指针轻微抖动，但并不下降，维持在平衡压力（即静态压力不变化）。

图 5-54　相序错误时故障现象

涡旋式压缩机反转运行时，容易击穿内部阀片（窜气故障）造成压缩机损坏，在反转运行时，测试时间应尽可能缩短。

2. 相序正常

由于供电正常，压缩机正常做功（运行），见图5-55，主要表现如下。

① 压缩机运行声音清脆。

② 压缩机吸气管和排气管温度迅速变化，手摸吸气管很凉、排气管烫手。

③ 系统压力由静态压力迅速下降至正常值约0.45MPa。

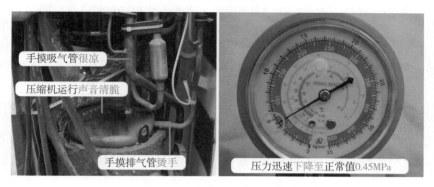

图 5-55　相序正常时现象

3. 相序错误时排除方法

相序错误排除方法见图5-56，在室外机三相供电端子处任意对调2根相线的位置即可排除故障。此种故障常见于新装空调器、移机过程中安装空调器、用户装修调整供电相线时出现。

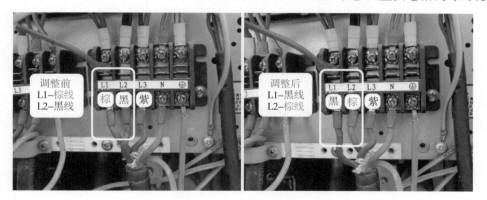

图 5-56　调整电源相序

4. 相序保护电路板的代换

在使用过程中，如果相序板出现故障，需要更换而无原厂配件时，可以使用通用相序保护装置来代换，实物外形和接线图见图5-57，同样可以起到保护涡旋压缩机的作用。

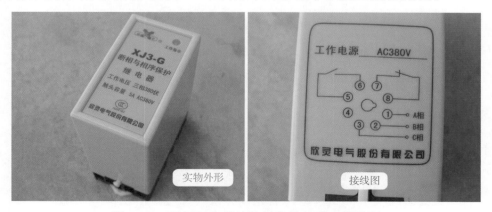

图 5-57　通用相序保护装置实物外形和接线图

代换步骤。

① 观察室外机的电路板，如果只是相序保护功能，则可以拆下；如果带有其他单元电路（如电流检测），则应当保留原电路板，将相序电路的对应引线拆下。

② 将拆下的A（或U）、B（或V）、C（或W）三相引线按顺序接入①、②、③号线，将常开触点⑤和⑥接上引线，串接在交流接触器线圈的供电回路中。

③ 上电试机，如果交流接触器能吸合使压缩机运行，说明三相供电相序与通用相序保护装置检测相同；如果开机后交流接触器不能吸合，断电对调保护装置上①、②引线位置即可排除故障。

注意

不能对调室外机接线端子相线位置，因为此时只是原机相序板损坏，三相供电相序符合压缩机运行要求。

主板插座功能和代换通用板

第六章

第一节　主板故障判断方法

空调器发生室外机不运行或室内风机不运行等电控故障，测量主板没有输出相对应的交流电压，此时若对检修主板的方法或原理不是很熟悉时，那么在实际检修中只要对外围元件（室内风机、环温和管温传感器、变压器、插座电源）判断准确，就可以直接更换主板。

一、按故障代码判断

见图6-1，主板通过指示灯或显示屏报出故障代码，根据代码内容判断主板故障部位，本方法适用于大多数机型。

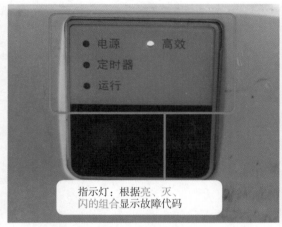

指示灯：根据亮、灭、闪的组合显示故障代码

显示屏：直接显示故障代码

图 6-1　故障代码显示方式

1. 环温或管温传感器故障

检查环温、管温传感器阻值正常，插座没有接触不良时可更换主板试机。

2. 瞬时停电

拔下电源插头等3min再重新通上电源试机，如果恢复正常则为电源插座接触不良，如果仍报故障代码可更换主板试机。

3. E²PROM（存储器）故障

拔下电源插头等3min再重新通上电源试机，如果恢复正常则为主板误报代码，如果仍报原故障代码则直接更换E²PROM或主板。

4. 霍尔反馈故障

关机但不拔下电源插头即处于待机状态时，使用万用表直流电压挡测量PG电机霍尔反馈端电压，如果正常且插座接触良好，可更换主板试机。

5. 蒸发器防冻结（制冷防结冰）或蒸发器防过热（制热防过载）

如室内风机运行正常，检查管温传感器阻值正常且插座接触良好，可更换主板试机。

6. 压缩机过电流或无电流

拔下电源插头等3min再重新通上电源试机，如果恢复正常则为主板误报代码；如果仍报原故障代码，检查压缩机电流在正常范围值以内，可直接更换主板。

7. 缺氟保护（系统能力不足保护）

如果制冷系统工作正常，检查管温传感器阻值正常且插座接触良好，可更换主板试机。

二、按故障现象判断

1. 上电无反应故障

检查插座交流220V电源、变压器、保险管等正常，且主板上直流12V和5V电压也正常，可更换主板试机。

2. 不接收遥控信号故障

检查遥控器和接收器正常，且接收器输出的电压已送到CPU相关引脚，在排除外界干扰后（如日光灯、红外线等），更换主板试机。

3. 制冷模式，室内风机不运行

用手拨动贯流风扇旋转正常，测量室内风机线圈阻值正常，但室内风机插座无交流电源，可更换主板试机。

4. 制热模式，室内风机不运行

调到"制冷模式"试机，室内风机运行，测量管温传感器阻值正常且手摸蒸发器表面温度较高，可更换主板试机。

5. 制冷模式，室内风机运行，压缩机和室外风机不运行

检查遥控器设置正确，室内机接线端子处未向压缩机与室外风机供电，测量环温与管温传感器阻值正常，可更换主板试机。

6. 制冷模式，运行一段时间停止向室外机供电

检查遥控器设置正确，PG电机霍尔反馈正常，系统制冷正常，环温和管温传感器阻值正常，可更换主板试机。

第二节　主板插座功能辨别方法

从前面知识可知，一个完整的空调器电控系统由主板、输入电路外围元件、输出电路负载构成。外围元件和负载都是通过插头或引线与主板连接，因此能够准确判断出主板上插座或引线的功能，这是维修人员的基本功。本节以美的KFR-26GW/DY-B（E5）的室内机主板为例，对主板插座设计特点进行简要分析。

一、主板电路设计特点

① 主板根据工作电压不同，设计为两个区域：交流220V为强电区域，直流5V和12V为弱电区域，图6-2、图6-3为主板强电-弱电区域分布的正面视图和背面视图。

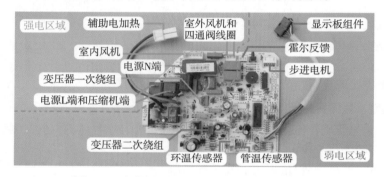

图6-2　主板强电-弱电区域分布正面视图

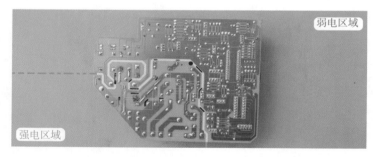

图6-3　主板强-弱电区域分布背面视图

② 强电区域插座设计特点：大2针插座与压敏电阻并联的接变压器一次绕组，最大的3针插座接室内风机，压缩机继电器上方端子（如下方焊点接保险管）的接L端供电，另1个端子接压缩机引线，另外2个继电器的接线端子接室外风机和四通阀线圈引线。

③ 弱电区域插座设计特点：小2针插座（在整流二极管附近）的接变压器二次绕组，2针插座接传感器，3针插座接室内风机霍尔反馈，5针插座接步进电机，多针插座接显示板组件。

④ 通过指示灯可以了解空调器的运行状态，通过接收器则可以改变空调器的运行状态，两者都是CPU与外界通信的窗口，因此通常将指示灯和接收器、应急开关等单独位于一块电路板上，称为显示板组件（也可称显示电路板）。

⑤ 应急开关是在没有遥控器的情况下能够使用空调器，通常有两种设计方法：一是直接焊在主板上；二是与指示灯、接收器一起设计在显示板组件上面。

空调器维修从入门到精通

⑥ 空调器工作电源交流220V供电L端是通过压缩机继电器上的接线端子输入，而N端则是直接输入。

⑦ 室外机负载（压缩机、室外风机、四通阀线圈）均为交流220V供电，3个负载共用N端，由电源插头通过室内机接线端子和室内外机连接线直接供给；每个负载的L端供电则是主板通过控制继电器触点闭合或断开完成。

二、主板插座设计特点

1. 主板交流 220V 供电和压缩机引线端子

电源L端引线位于压缩机继电器的端子上，见图6-4，端子下方焊点与保险管连接，压缩机引线端子下方焊点为空。

图 6-4 压缩机继电器接线端子

见图6-5，电源N端引线则是电源插头直接供给，主板上标有"N"标记。

图 6-5 电源 N 端接线端子

2. 变压器一次绕组插座

设计特点见图6-6，2针插座位于强电区域，一针连接保险管（即电源L端），一针连接电源N端。

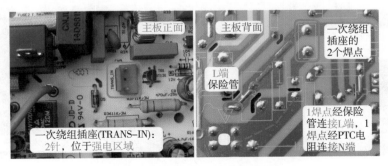

图 6-6 变压器一次绕组插座

3. 变压器二次绕组插座

设计特点见图6-7，2针插座位于弱电区域，也就是和4个整流二极管（或硅桥）最近的插座，2针均连接整流二极管（或硅桥）。

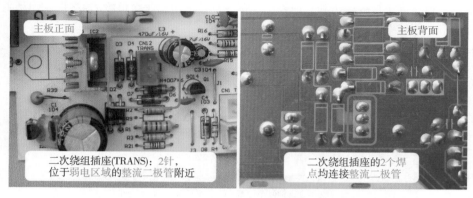

图 6-7　变压器二次绕组插座

4. 传感器插座

设计特点见图6-8，环温和管温传感器2个插座均为2针，位于主板弱电区域，2个插座的其中1针连在一起接直流5V或地，而另外1针接分压电阻送至CPU引脚。

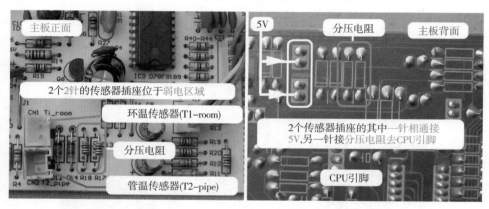

图 6-8　传感器插座

5. 步进电机插座

设计特点见图6-9，5针插座位于弱电区域，其中1针接直流12V电压，另外4针接反相驱动器。

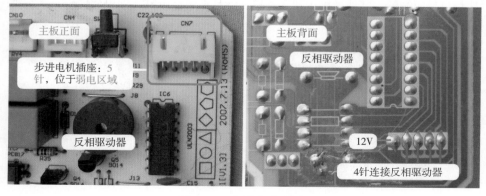

图 6-9　步进电机插座

6. 显示板组件（接收器、指示灯）插座

设计特点见图6-10，引线数量根据机型不同而不同，位于弱电区域；插座设计特点是除直流电源地和5V两个引针外，其余多数引针全部与CPU引脚相连。

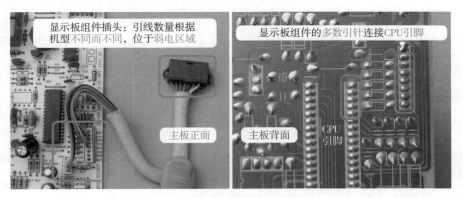

图 6-10　显示板组件插座

7. 霍尔反馈插座

设计特点见图6-11，3针插座位于弱电区域，一针接直流12V电压，一针接地，一针为反馈，通过电阻接CPU引脚。

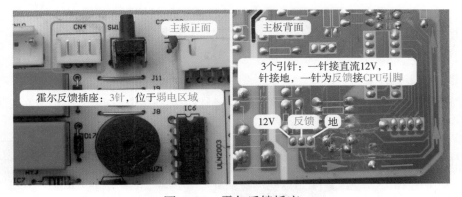

图 6-11　霍尔反馈插座

8. 室内风机（PG电机）插座

设计特点见图6-12，3针插座位于强电区域：一针接晶闸管，一针接电容，另外一针接电源N端和电容。

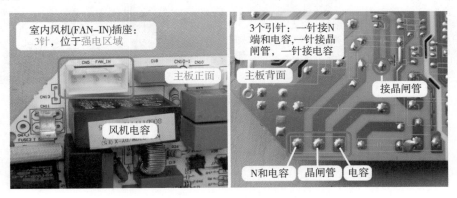

图 6-12　PG 电机插座

9. 室外风机和四通阀线圈接线端子

设计特点见图6-13（本机使用插座），位于强电区域，接线端子与继电器触点相连。

室外风机、四通阀线圈供电
插座：2针，位于强电区域

继电器

继电器

主板正面

室外风机继电器

四通阀线圈继电器

主板背面

四通阀线圈　室外风机

2针：连接相对应的继电器触点

图 6-13　室外风机和四通阀线圈接线端子

说明

室外风机和四通阀线圈引线一端连接继电器触点（继电器型号相同），另一端接在室内机接线端子上，如果主板没有特别注明，区分比较困难，可以通过室内机外壳上电气接线图上标识判断。

10. 辅助电加热插头

设计特点见图6-14，2根引线位于强电区域，一根为黑线接电源N端，一根为红线通过继电器触点和保险管接电源L端。

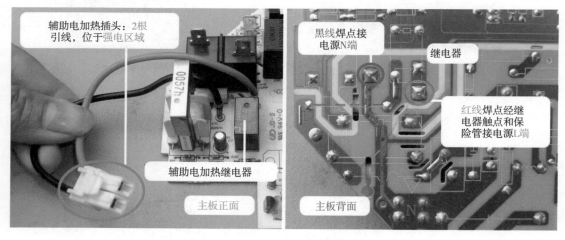

辅助电加热插头：2根
引线，位于强电区域

辅助电加热继电器

主板正面

黑线焊点接
电源N端

继电器

红线焊点经继
电器触点和保
险管接电源L端

主板背面

图 6-14　辅助电加热插头

第三节 代换挂式空调器通用板

目前挂式空调器室内风机绝大部分使用PG电机，工作电压为交流90～180V，如果主板损坏且配不到原装主板或修复不好，最好用的方法是代换通用板。

目前挂式空调器的通用板按室内风机驱动方式分为两种：一种是使用继电器，对应安装在早期室内风机使用抽头电机的空调器；另外一种是使用光耦＋晶闸管，对应安装在目前室内风机使用PG电机的空调器，这也是本节着重介绍的内容。

一、故障空调器简单介绍

本节以格力KFR-23GW/（23570）Aa-3挂式空调器为基础，是目前最常见的电控系统设计型式，见图6-15。

室内风机使用PG电机，室内机主板为整机电控系统的控制中心；室外机未设电路板，电控系统只有简单的室外风机电容和压缩机电容；室内机和室外机的电控系统使用5芯连接线。

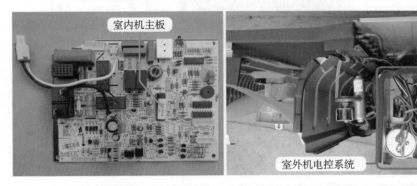

图 6-15 格力 KFR-23GW/（23570）Aa-3 空调器室内机主板和室外机电控系统

二、通用板设计特点

1. 实物外形

图6-16（a）为某品牌的通用板套件，由通用板、变压器、遥控器、接线插等组成，设有环温和管温两个传感器，显示板组件设有接收器、应急开关按键、指示灯。从图6-16（b）可以看出，室内风机驱动电路主要由光耦和晶闸管组成。通用板设计特点如下。

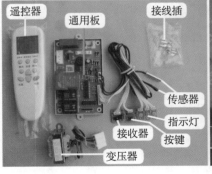

（a） （b）

图 6-16 驱动 PG 电机的挂式空调器通用板

第六章 主板插座功能和代换通用板

135

① 外观小巧，基本上都能装在代换空调器的电控盒内。

② 室内风机驱动电路由光耦＋晶闸管组成，和原机相同。

③ 自带遥控器、变压器、接线插，方便代换。

④ 自带环温和管温传感器且直接焊在通用板上面，无需担心插头插反。

⑤ 步进电机插座为6根引针，两端均为直流12V。

⑥ 通用板上使用汉字标明接线端子作用，使代换过程更为简单。

2. 接线端子功能

通用板的主要接线端子见图6-17：共设有电源相线L输入、电源零线N输入、变压器、室内风机、压缩机、四通阀线圈、室外风机、步进电机。另外显示板组件和传感器的引线均直接焊在通用板上，自带的室内风机电容容量为1μF。

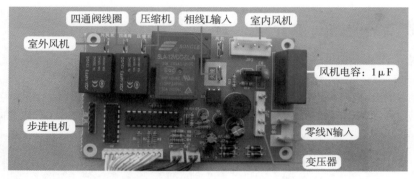

图 6-17　通用板接线端子

三、代换步骤

1. 拆除原机电控系统和保留引线

见图6-18，拆除原机主板、变压器、环温和管温传感器，保留显示板组件。

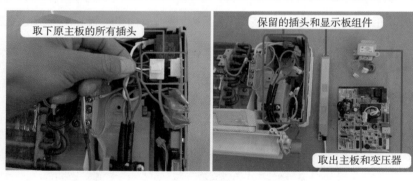

图 6-18　拆除原机主板

2. 安装电源输入引线

见图6-19，将电源L输入棕线插头插在通用板标有"火线"的端子，将电源N输入蓝线插头插在标有"零线"的端子。

3. 安装变压器

通用板配备的变压器只有一个插头，见图6-20，即将一次绕组和二次绕组的引线固定在一个插头上面，为防止安装错误，在插头和通用板上均设有空挡标识，安装错误时安装不进去。

将配备的变压器固定在原变压器位置，见图6-21，并拧紧固定螺钉，再将插头插在通用板的变压器插座。

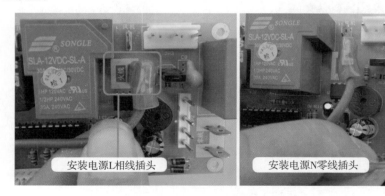

安装电源L相线插头　　　　安装电源N零线插头

图6-19　安装电源输入引线

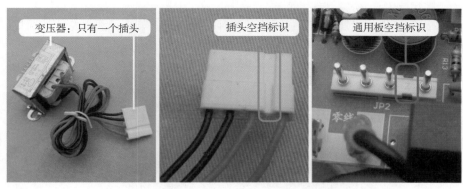

变压器：只有一个插头　　插头空挡标识　　通用板空挡标识

图6-20　变压器和插头标识

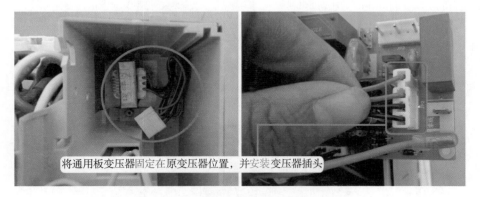

将通用板变压器固定在原变压器位置，并安装变压器插头

图6-21　安装变压器插头

4. 安装室内风机（PG 电机）插头

（1）线圈供电插头引线与插座引针功能不对应

见图6-22（a），PG电机线圈供电插头的引线顺序从左到右：1号棕线为运行绕组R，2号白线为公共端C，3号红线为启动绕组S。而通用板室内风机插座的引针顺序从左到右：1号为公共端C、2号为运行绕组R、3号为启动绕组S。从对比可以发现，PG电机线圈供电插头的引线和通用板室内风机插座的引针功能不对应，应调整PG电机线圈供电插头的引线顺序。

线圈供电插头中引线取出方法：见图6-22（b），使用万用表表笔尖向下按压引线挡针，同时向外拉引线即可取下。

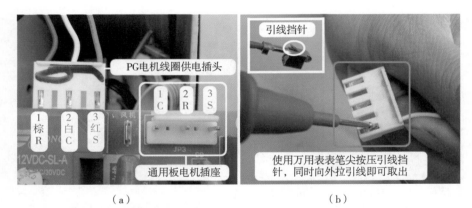

（a）　　　　　　　　　　　　　（b）

图 6-22　室内风机插头引线和通用板引针功能不对应

（2）调整引线顺序并安装插头

　　将引线拉出后，再将引线按通用板插座的引针功能对应安装，见图6-23，使调整后的插头引线和插座引针功能相对应，再将插头安装至通用板插座。

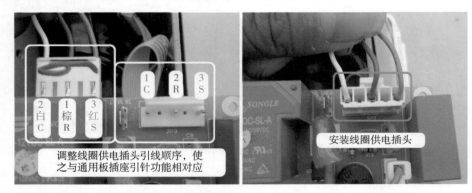

图 6-23　安装 PG 电机线圈供电插头

（3）霍尔反馈插头

　　室内风机还有一个霍尔反馈插头，见图6-24，作用是输出代表转速的霍尔信号，但通用板未设霍尔反馈插座，因此将霍尔反馈插头舍弃不用。

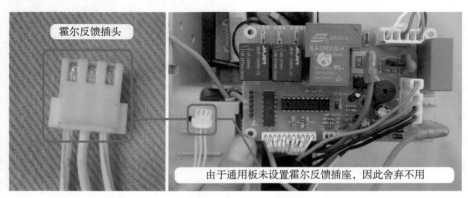

图 6-24　霍尔反馈插头不用安装

5. 安装室外机负载引线

　　连接室外机负载共有2束5根引线，较粗的一束有3根引线，其中的黄/绿色为地线，直接固定在地线端子；较细的一束有2根引线。

见图6-25，3束引线中的蓝线为N端零线，插头插在通用板标有"零线"的端子；黑线接压缩机，插头插在通用板标有"压缩机"的端子。

见图6-26，2束引线中的紫线接四通阀线圈，插头插在通用板标有"四通阀"的端子；棕线接室外风机，插头插在通用板标有"外风机"的端子。

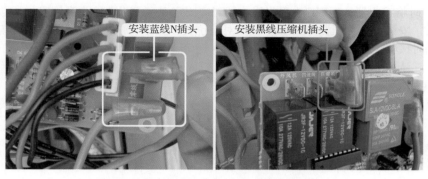

图 6-25　安装 N 零线和压缩机引线插头

图 6-26　安装四通阀线圈和室外风机引线插头

6. 焊接显示板组件引线

（1）显示板组件实物外形

通用板配备的显示板组件为组合式设计，见图6-27（a），装有接收器、应急开关按键、3个指示灯，每个器件组成的小板均可以掰断单独安装。

原机显示板组件为一体化设计，见图6-27（b），装有接收器、6个指示灯（其中一个为双色显示）、2位数码显示屏。因数码显示屏需对应的电路驱动，所以通用板代换后无法使用。

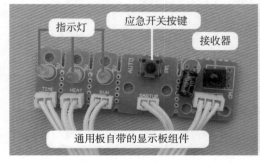

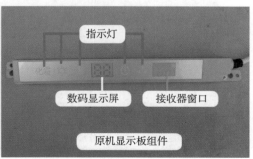

（a）　　　　　　　　　　　　　　　　（b）

图 6-27　通用板和原机显示板组件

（2）常用安装方法

常用有两种安装方法：一是使用通用板所配备的接收器、应急开关、指示灯，将其放到合适的位置即可；二是使用原机配备的显示板组件，方法是将通用板配备显示板组件的引线剪下，按作用焊在原机配备的显示板组件或连接引线。

第一种方法比较简单，但由于需要对接收器重新开孔影响美观（或指示灯无法安装而不能查看）。安装时将接收器小板掰断，再将接收器对应固定在室内机的接收窗位置；安装指示灯时，将小板掰断，安装在室内机指示灯显示孔的对应位置，由于无法固定或只能简单固定，在安装室内机外壳时接收器或指示灯小板可能会移动，造成试机时接收器接收不到遥控器的信号，或看不清指示灯显示的状态。

第二种方法比较复杂，但对空调器整机美观没有影响，且指示灯也能正常显示。本节着重介绍第二种方法，安装步骤如下所述。

（3）焊接接收器引线

取下显示板组件外壳，查看连接引线插座，可见有2组插头，即DISP1和DISP2，其中DISP1连接接收器和供电公共端等，DISP2连接显示屏和指示灯。

见图6-28（a）标识，可知DISP1插座上白线为地（GND）、黄线为5V电源（5V）、棕线为接收器信号输出（REC）、红线为显示屏和指示灯的供电公共端（COM），根据DISP1插座上的引线功能标识可辨别出另一端插头引线功能。

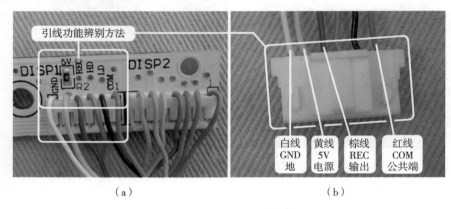

（a）   （b）

图 6-28　查看引线功能

掰断接收器的小板，见图6-29（a），分辨出引线的功能后剪断3根连接线。

将通用板接收器的3根引线，按对应功能并联焊接在原机显示板组件插头上接收器的3根引线，见图6-29（b），即白线（GND）、黄线（5V）、棕线（REC），试机正常后再使用防水胶布包扎焊点。

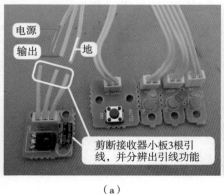
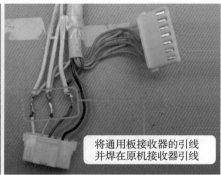

（a）   （b）

图 6-29　焊接接收器引线

（4）焊接指示灯引线

原机显示板组件设有6个指示灯，并将正极连接一起为公共端，连接DISP1插座中COM为供电控制，指示灯负极接CPU驱动。通用板的显示板组件设有3个指示灯（运行、制热、定时），其负极连接在一起为公共端、连接直流电源地，正极接CPU驱动。公共端功能不同，如单独控制原机显示板组件的3个指示灯，则需要划断正极引线，但考虑到制热和定时指示灯实际意义不大，因此本例只使用原机显示板组件中的一个运行指示灯。

见图6-30（a），原机显示板组件DISP1引线插头中红线COM为正极公共端即供电控制，DISP2引线插头中灰线接运行指示灯的负极。

见图6-30（b），找到通用板运行指示灯引线，分辨出引线功能后剪断。

见图6-30（c），将通用板运行指示灯引线，按对应功能并联焊接在原机显示板组件插头上运行指示灯引线：驱动引线接红线COM（指示灯正极）、地线接灰线（指示灯负极）。

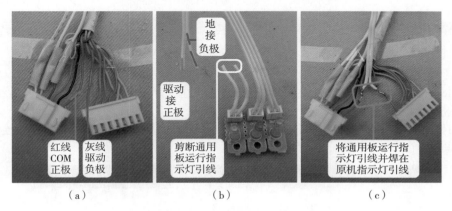

（a）　　　　　　　（b）　　　　　　　（c）

图6-30　焊接指示灯引线

（5）应急开关按键

由于原机的应急开关按键设计在主板上面，通用板配备的应急开关按键无法安装，考虑到此功能一般很少使用，所以将应急开关按键的小板直接放至室内机电控盒的空闲位置。

（6）焊接完成

至此，更改显示板组件的步骤完成。见图6-31，原机显示板组件的插头不再使用，通用板配备的接收器和指示灯也不再使用。将空调器通上电源，接收器应能接收遥控器发射的信号，开机后指示灯应能点亮。

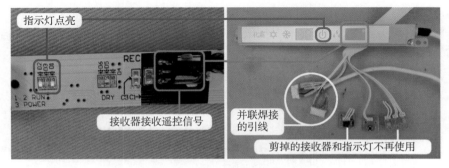

图6-31　焊接完成

7. 安装环温和管温传感器探头

环温和管温传感器插头直接焊在通用板上面无需安装，只需将探头放至原位置即可。见图6-32，原环温传感器探头安装室内机外壳上面，安装室内机外壳后才能放置探头；将管温传感器探头放至蒸发器的检测孔内。

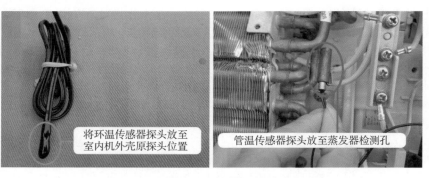

将环温传感器探头放至
室内机外壳原探头位置

管温传感器探头放至蒸发器检测孔

图6-32　安装环温和管温传感器探头

8. 安装步进电机插头

因步机电机引线较短，所以将步进电机插头放到最后一个安装步骤。

（1）步进电机插头和通用板步进电机插座

见图6-33（a），步进电机插头共有5根引线：1号红线为公共端，2号橙线、3号黄线、4号粉线、5号蓝线共4根均为驱动引线。

通用板步进电机插座设有6个引针，见图6-33（b），其中左右2侧的引针直接相连均为直流12V，中间的4个引针为驱动。

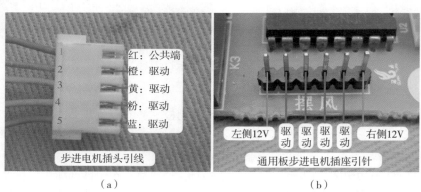

红：公共端
橙：驱动
黄：驱动
粉：驱动
蓝：驱动

步进电机插头引线

左侧12V　驱动　驱动　驱动　驱动　右侧12V

通用板步进电机插座引针

（a）　　　　　　　　　　　（b）

图6-33　步进电机插头和通用板引针功能

（2）安装插头

将步进电机插头插在通用板标有"摆风"的插座，见图6-34，通用板通上电源后，导风板应当自动复位即处于关闭状态。

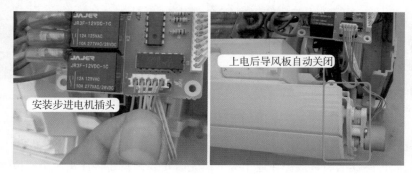

安装步进电机插头

上电后导风板自动关闭

图6-34　安装步进电机插头

一定要将1号公共端红线对应安装在直流12V引针。

（3）步进电机正反旋转方向转换方法

见图6-35（a），安装步进电机插头，公共端接右侧直流12V引针（左侧空闲），驱动顺序为5-4-3-2，假如上电试机导风板复位时为自动打开、开机后为自动关闭，说明步进电机为反方向运行。

此时应当反插插头，见图6-35（b），使公共端接左侧直流12V引针（右侧空闲），即调整4根驱动引线的首尾顺序，驱动顺序改为2-3-4-5，通用板再次上电导风板复位时就会自动关闭，开机后为自动打开。

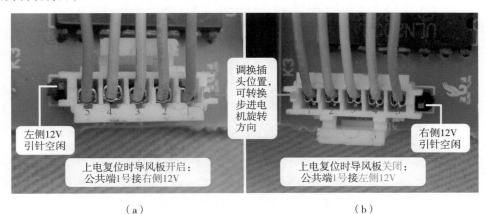

（a）　　　　　　　　　　　　　　　　　（b）

图6-35　导风板运行方向调整方法

9. 辅助电加热插头

因通用板未设计辅助电加热电路，所以辅助电加热插头空闲不用，相当于取消了辅助电加热功能，此为本例选用通用板的一个弊端。

10. 代换完成

至此，通用板所有插座和接线端子均全部连接完成，见图6-36，顺好引线后将通用板安装至电控盒内，再次上电试机，空调器即可使用。

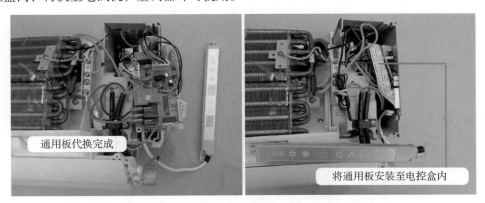

图6-36　通用板代换完成

第六章　主板插座功能和代换通用板

本节介绍通用板的设计特点，并以华宝KFR-50LW／K2D1柜式空调器电控系统为基础，介绍通用板代换柜式空调器主板的步骤。

一、故障空调器简单介绍

华宝KFR-50LW／K2D1为早期柜式空调器，室内机电控系统见图6-37，设有室内机主板和显示板，室外机没有设电路板，只有室外管温传感器通过引线送到室内机显示板处理，室内机需要改动的负载有室内风机和同步电机，及向室外机负载的供电引线。

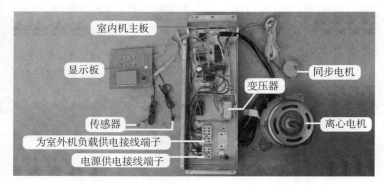

图 6-37　华宝 KFR-50LW/K2D1 柜式空调器室内机电控系统

> 本节将显示板及电控盒从室内机上取了下来，是为了图片清晰及可以更直观地介绍代换步骤，实际操作时在室内机上即可完成。

二、通用板设计特点

通用板实物外形及插头功能作用见图6-38，特点如下。

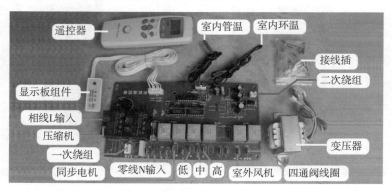

图 6-38　柜式空调器通用板

① 自带变压器、遥控器、接线插，方便代换。

② 自带环温、管温传感器且直接焊在通用板上面，无需担心插头插反。

③ 通用板上使用汉字标明接线端子的作用，使代换过程更为简单。

④ 此类通用板采用指示灯指示空调器运行状态，也有一些通用板使用LCD显示屏显示空调器的运行状态，两种通用板安装方法相同。

⑤ 电源零线N为主板供电，同时还有5个接线端子与N相通，为室内风机、同步电机、辅助电加热提供电源零线，室外机负载的零线由电源输入端子直接供给。

三、代换步骤

1. 拆除原机电控系统

拆除原机主板、显示板、变压器，保留风机电容，并记录室内风机插头引线作用。电控盒内需要剩余的主要引线见图6-39（a），有电源供电N零线、电源供电L相线、压缩机引线。

2. 固定通用板

通用板和原机主板宽度相同，但通用板比原机主板长，因此将通用板右侧的固定孔安装至电控盒的卡子上面，见图6-39（b），左侧部分使用绝缘物品（比如通用板包装盒）垫在下面，可防止背面与外壳短路。

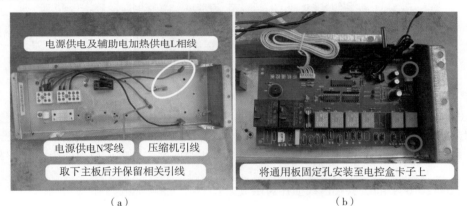

（a）　　　　　　　　　　　　　（b）

图 6-39　固定通用板

3. 安装电源供电输入引线

见图6-40，将电源L相线（棕线）插在压缩机继电器端子（端子和保险管相通），电源N零线（蓝线）插在通用板标有"N"的端子。

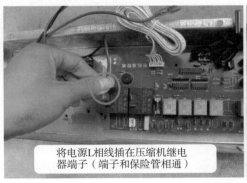

图 6-40　安装电源供电输入引线

4. 安装变压器插头

通用板配备的变压器共有2个插头，即一次绕组和二次绕组，见图6-41，首先将其固定在原变压器位置，再将一次绕组（大插头）插在通用板强电区域标有"变压器"的插座，二次绕组（小插头）插在弱电区域整流二极管附近的插座。

> 通电后用遥控器开机，应能听到蜂鸣器和继电器触点工作的声音；如果上电试机时遥控器开机通用板没有反应，一般为电源供电 L 相线没有插对位置（插在了向压缩机输出电压的端子上）。

将通用板变压器固定在原变压器位置　　安装一次绕组插头　　安装二次绕组插头

图6-41　安装一次绕组和二次绕组插头

5. 安装室内风机引线

柜式空调器室内风机使用离心式抽头电机，见图6-42（a），3挡风速，共有7根引线：黄/绿色为地线、黄线为低风抽头、绿线为中风抽头、黑线为高风抽头、白线为公共端、2根红线接电容。由于原机主板供电使用插头，与通用板接线端子不匹配，因此应剪掉插头，并将引线制成接线插。

见图6-42（b），将公共端白线插在通用板标有"N"的端子。

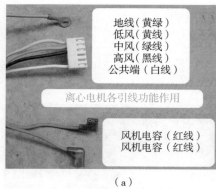

地线（黄绿）
低风（黄线）
中风（绿线）
高风（黑线）
公共端（白线）

离心电机各引线功能作用

风机电容（红线）
风机电容（红线）

（a）

将公共端白线插在N端子

（b）

图6-42　室内风机引线功能和安装公共端引线

见图6-43，将低风黄线插在通用板标有"低"的端子，将中风绿线插在通用板标有"中"的端子。

见图6-44，将高风黑线插在通用板标有"高"的端子，再将2根电容引线插在室内风机电容的两侧引脚。

空调器维修从入门到精通

将低风黄线插在低端子　　　将中风绿线插在中端子

图 6-43　安装低风和中风引线

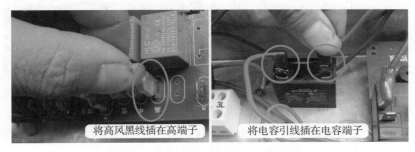

将高风黑线插在高端子　　　将电容引线插在电容端子

图 6-44　安装高风引线和电容引线

6. 安装同步电机引线

（1）同步电机引线

见图6-45，由于原机主板同步电机供电使用插座，相对应同步电机使用插头，与通用板接线端子不匹配，因此将插头改为通用板适用的接线插。

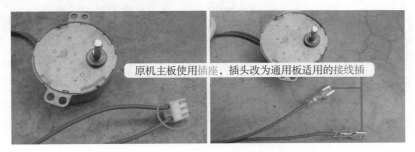

原机主板使用插座，插头改为通用板适用的接线插

图 6-45　将引线插头改为接线插

（2）安装引线

同步电机供电为交流220V，共有2根引线，使用时不分极性，见图6-46，将其中一根引线插在通用板和"N"相通的端子，另外一根引线插在标有"摆风"的端子。

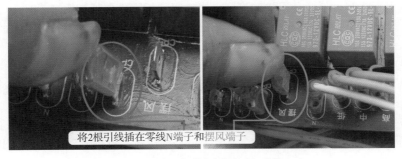

将2根引线插在零线N端子和摆风端子

图 6-46　安装同步电机引线

7. 安装室外机负载引线

由于室外风机和四通阀线圈引线直接焊在原机主板上面，因此需要另外再找2根引线，见图6-47（a），并将其中一端制成接线插，作为室外风机和四通阀线圈的引线。

见图6-47（b），将压缩机引线安装在压缩机继电器端子（端子和保险管不通）。

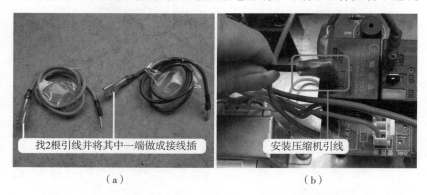

（a）	（b）
找2根引线并将其中一端做成接线插	安装压缩机引线

图6-47　制作接线插和安装压缩机引线

见图6-48（a），将准备好的其中一根引线一端插在通用板标有"四通阀"的端子，另一端固定在室内外机的接线端子上，作为四通阀线圈的连接线。

见图6-48（b），将另外一根引线一端插在通用板标有"外风机"的端子，另一端固定在室内外机的接线端子上，作为室外风机的连接线。

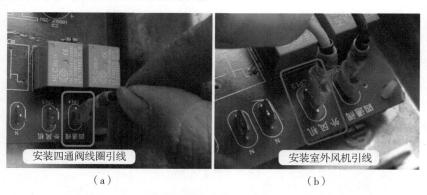

（a）	（b）
安装四通阀线圈引线	安装室外风机引线

图6-48　安装四通阀线圈和室外风机引线

8. 显示板组件

连接有两种方法，一种将显示板组件直接固定在室内机面板上，一种是不用通用板配备的显示板组件，使用原机显示板，通过更改引线的方式可以达到同样的目的，且不影响空调器的美观。

（1）直接固定显示板组件

图6-49为显示板组件外观及很长的连接引线，显示板组件包括指示灯（3个，分别为电源、运行、定时）、遥控信号接收窗口、应急开关按键，将显示板组件安装在室内机面板合适的位置上即可。

（2）更改引线使用原机显示板

考虑到将显示板组件直接安装在室内机面板上会影响空调器的美观，而原机显示板上设有按键、接收器、指示灯，因此本例实际操作时不使用通用板配备的显示板组件，而是将引线接至原机显示板相关元件的引脚上，利用原机显示板的元件，达到控制通用板的目的，步骤如下。

① 拆开显示板组件，根据实际接线画出接线图　接线图见图6-50，可以看出，1号线为直

空调器维修从入门到精通

流5V供电，为接收器和指示灯供电；2号线为直流电源地；3～5号线为3个指示灯的控制引脚（引线接在通用板上的CPU相关引脚）；6号线所起的作用既是将遥控信号传至通用板CPU，又是将按键信号传至通用板CPU，所以此线有两个功能。

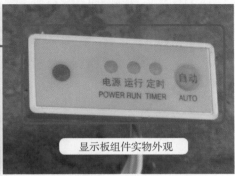

图6-49　显示板组件

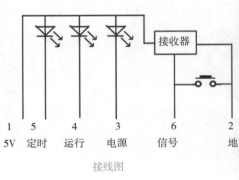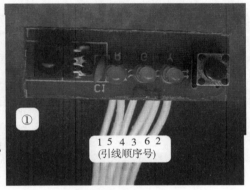

图6-50　拆下显示板组件检查引线并画出电路原理图

　②　焊接接收器引线　见图6-51（a），将1号线（5V）、2号线（地）、6号线（信号输出）按功能将引线直接焊至接收器的3个引脚，将3号线直接焊至指示灯的负极引脚上，4号线和5号线保留不用。

　③　焊接指示灯正极供电引线　见图6-51（b），用一根较细的引线一端接在1号线（5V），另一端接在指示灯的正极为其供电。

　④　焊接按键引线　见图6-52（a），用一根较细的引线一端接在2号线（直流电源地），另一端接在原机显示板的"电源开关"按键的一个引脚上；按键的另一个引脚再用一根较细的引线接在6号线上。

　⑤　焊接完成　至此，显示板引线已全部焊接完毕，见图6-52（b），通电使用遥控器试机，通用板应能接收遥控信号，指示灯点亮，按压原显示板的"电源开关"按键应能开机和关机。

　　　　由于原机接收器工作电压5V由显示板直接供给，也就是说接收器的工作电压5V是供电电压一个分支，与供电电压并联，因此在焊接引线前，要将接收器、指示灯、按键开关3个元件在显示板上的铜箔划断，防止通用板引线为接收器提供5V电压，同时也为原机显示板CPU和相关弱信号处理电路供电。

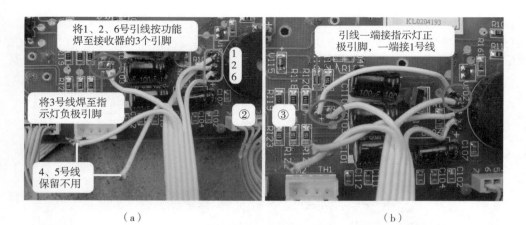

（a）

（b）

图 6-51　焊接接收器和指示灯引线

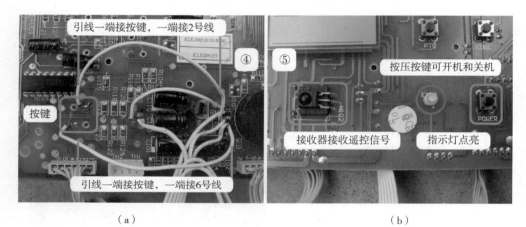

（a）

（b）

图 6-52　焊接按键引线和焊接完成

9. 安装环温和管温传感器探头

　　配备的环温和管温传感器引线直接焊在通用板上面，因此不用安装插头，只需要安装探头。见图6-53，原机的环温传感器探头安装在离心风扇外部罩圈上面，将配备的环温传感器探头也安装在原位置，管温传感器探头插在位于蒸发器的检测孔内。

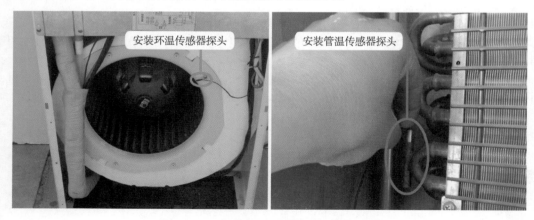

图 6-53　安装环温和管温传感器探头

　　至此，代换柜式空调器通用板的工作已全部完成。

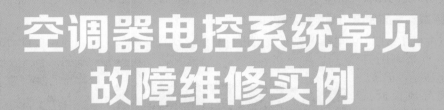

空调器电控系统常见
故障维修实例

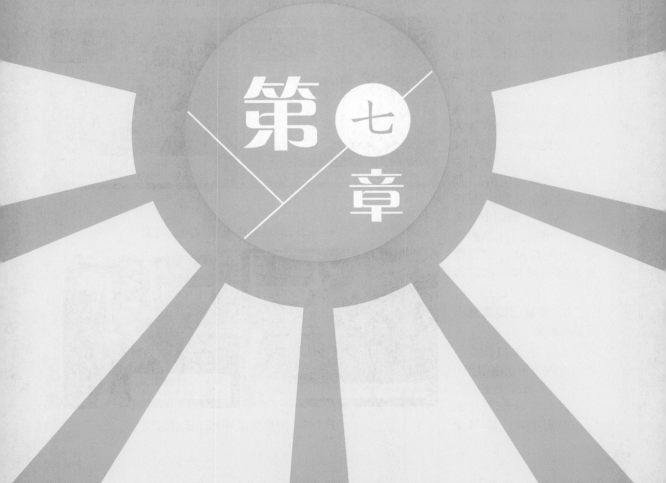

第七章

第一节 室内机电控系统故障

一、变压器损坏，整机不工作

故障说明： 美的KFR-26GW/DY-B（E5）空调器，上电后整机无反应，导风板不能自动关闭。

1. 用手扳动导风板至中间位置后试机

由于室内机主板CPU上电后首先对整机进行复位，比较明显的一点为导风板自动关闭，可以利用这一点来判断直流12V、5V电压是否正常。

用手将导风板扳到中间位置，见图7-1，再将空调器通上电源，导风板不动、蜂鸣器不响，初步判断室内机主板无直流12V和5V或CPU三要素电路工作不正常。

2. 测量插座电压和插头阻值

使用万用表交流电压挡，见图7-2（a），测量电源插座电压，实测为交流220V，说明供电正常。

由于变压器一次绕组并联在交流220V输入端，因此测量电源插头L与N阻值，相当于测量变压器一次绕组阻值，使用万用表电阻挡，见图7-2（b），实测阻值为无穷大，说明一次绕组回路有开路故障，应重点检查保险管和一次绕组阻值。

3. 测量保险管和一次绕组阻值

取下室内机外壳，依旧使用万用表电阻挡，见图7-3，首先测量保险管阻值，实测为0Ω，说明保险管正常。测量变

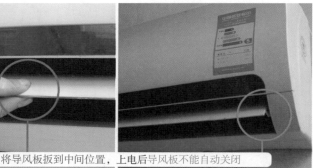
将导风板扳到中间位置，上电后导风板不能自动关闭

图7-1 将导风扳到中间位置后上电导风板不能自动关闭

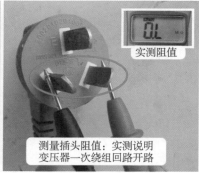
测量插座电压：实测说明正常 / 测量插头阻值：实测说明变压器一次绕组回路开路

（a）　　　　　（b）

图7-2 测量插座电压和插头阻值

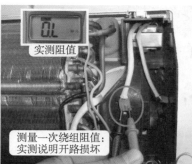
测量保险管阻值：实测说明正常 / 测量一次绕组阻值：实测说明开路损坏

图7-3 测量保险管和变压器阻值

空调器维修从入门到精通

压器一次绕组阻值时，正常约250～600Ω，而实测为无穷大，判断变压器一次绕组开路损坏。

维修措施：见图7-4，更换变压器。更换后使用万用表电阻挡测量电源插头L与N阻值约为470Ω，空调器上电后导风板立即运行并自动关闭。

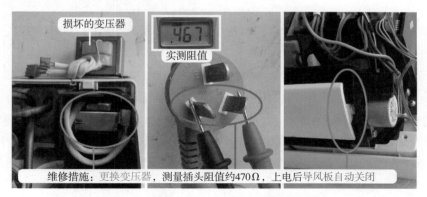

图 7-4　更换变压器后测量插头阻值

二、接收器损坏，不接收遥控信号

故障说明：　海信KFR-2601GW/BP挂式交流变频空调器，将电源插头插入电源，导风板自动关闭，使用遥控器开机时，室内机没有反应。

1. 按压应急开关试机和检查遥控器

见图7-5（a），按压显示板组件上应急开关按键，导风板自动打开，室内风机运行，制冷正常，判断故障为遥控器损坏或接收器损坏。

打开手机的摄像功能，见图7-5(b)，并将遥控器发射头对准手机的摄像头，按压遥控器开关按键，在手机屏幕上能观察到遥控器发射头发出的白光，说明遥控器正常，判断接收器电路有故障。

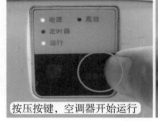

图 7-5　按压应急按键和使用手机检测遥控器

2. 测量接收器电压

使用万用表直流电压挡，见图7-6（a），黑表笔接地（GND），红表笔接电源引脚（VCC），测量供电电压，正常电压为直流5V，实测为直流5V，说明供电电压正常。

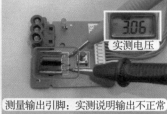

图 7-6　测量接收器供电电压和输出端电压

见图7-6（b），红表笔接输出端引脚（OUT），测量输出电压，在静态即不接收遥控信号时电压应接近供电5V，而实测电压为直流3V，初步判断接收器出现故障。

3. 动态测量接收器输出端电压

见图7-7，按压遥控器开关按键，动态测量接收器输出端电压，接收器接收信号同时应有电压下降过程，而实测电压不变一直恒定为直流3V，确定接收器损坏。

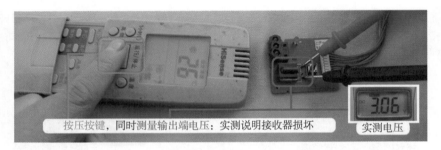

按压按键，同时测量输出端电压：实测说明接收器损坏　　实测电压 3.06

图 7-7　按压按键时测量接收器输出端电压

维修措施：见图7-8，本机接收器型号为0038，更换接收器后按压遥控器"开关"按键，室内机主板蜂鸣器响一声后，导风板打开，室内风机运行，制冷正常，不接收遥控信号故障排除。

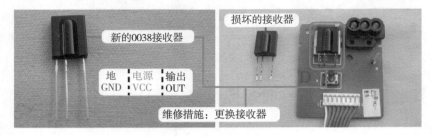

新的0038接收器

损坏的接收器

地　电源　输出
GND　VCC　OUT

维修措施：更换接收器

图 7-8　更换 0038 接收器

三、应急开关漏电，不定时开关机

故障说明：美的KFR-23GW/DY-X（E5）空调器，将电源插头插入电源插座，一段时间以后，在不使用遥控器的情况下，蜂鸣器响一声，空调器自动启动，见图7-9，显示板组件上显示设定温度为24℃，室内风机运行；约30s后蜂鸣器响一声，显示板组件显示窗熄灭，空调器自动关机，室内风机处于"干燥"功能继续运行，但30s后，蜂鸣器再次响一声，显示窗显示为24℃，空调器又处于开机状态。如果不拔下空调器的电源插头，将反复地进行开机和关机操作指令，同时空调器不制冷。

显示窗熄灭，空调器为待机状态　　显示板组件　　蜂鸣器响一声后，显示窗显示24℃，室内风机运行，空调器自动开机

图 7-9　显示窗自动显示和熄灭

1. 测量 CPU ⑩ 脚电压

空调器开关机有两种控制程序：一是使用遥控器控制，二是主板应急开关电路。本例维修时取下遥控器的电池，遥控器不再发送信号，空调器仍然自动开关机，排除遥控器引起的故障，应检查应急开关电路。

使用万用表直流电压挡，见图7-10，黑表笔接地（实接应急开关按键外壳铁皮），红表笔接CPU引脚（实接短路环J5，相当于接⑩脚），测量电压，正常待机状态即按键SW1未按下时，CPU⑩脚电压为5V，实测电压在1～4V之间跳动变化，说明应急开关电路出现漏电故障。

2. 取下电容和应急开关按键试机

应急开关电路比较简单，外围元器件只有电阻R10、电容C12、应急开关按键SW1共3个。R10为供电电阻，不会引起漏电故障，只有C12或SW1漏电损坏，才能引起电压跳动变化的故障。

见图7-11（a），取下电容C12，测量CPU⑩脚电压仍在1～4V之间跳动变化，一段时间以后空调器仍然自动开机和关机。

装上电容C12，再将SW1取下，黑表笔接反相驱动器2003的⑧脚地，红表笔仍接短路环J5，见图7-11（b），测量CPU⑩脚电压为稳定的5V，不再跳动变化，同时空调器不再自动开机和关机，初步判断故障由应急开关按键SW1漏电引起。

3. 检测应急开关

使用万用表电阻挡，见图7-12，测量应急开关按键阻值，表笔接两个引脚，在按键未按下时，正常阻值应为无穷大，实测阻值在100kΩ上下浮动变化，确定按键漏电损坏。

维修措施： 见图7-13（a），更换按键开关SW1。如果暂时没有按键更换，可直接取下按键，见图7-13（b），这样对电路没有影响，使用遥控器完全可以操作空调器的运行，只是少了应急开关的功能，待有配件了再安装。

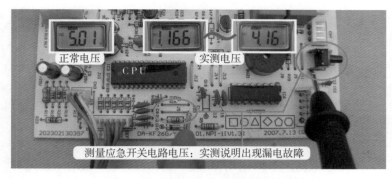

图 7-10　测量 CPU 按键引脚电压

（a）　　　　　　　　　（b）

图 7-11　取下电容及按键

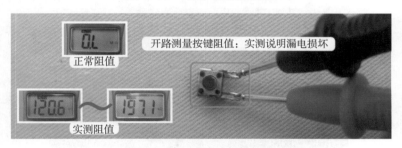

图 7-12　测量应急开关按键阻值

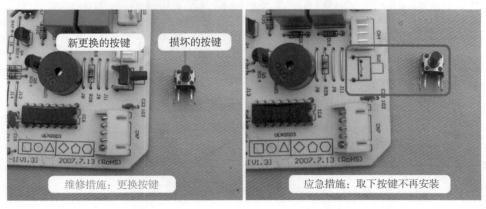

（a）　　　　　　　　　（b）

图 7-13　更换按键和取下按键

四、管温传感器损坏，室外机不工作

故障说明： 海信KFR-25GW空调器，遥控开机后室内风机运行，但压缩机和室外风机均不运行，显示板组件上的"运行"指示灯也不亮。在室内机接线端子上测量压缩机与室外风机供电电压为交流0V，说明室内机主板未输出供电。根据开机后"运行"指示灯不亮，说明输入部分电路出现故障，CPU检测后未向继电器电路输出控制电压，因此应检查传感器电路。电路原理图参见图4-42。

1. 测量环温和管温传感器插座分压点电压

使用万用表直流电压挡，见图7-14，将黑表笔接地（本例实接复位集成块34064地脚），红表笔接插座分压点，测量电压（此时房间温度约25℃），两个插座的电压值均应接近2.5V，测量环温传感器分压点电压约2.5V，管温传感器分压点电压为4.1V，实测说明环温传感器电路正常，应重点检查管温传感器电路。

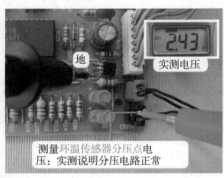

图 7-14　测量环温和管温传感器插座分压点电压

2. 测量管温传感器阻值

见图7-15，断电并将管温传感器从蒸发器检测孔抽出（防止蒸发器温度影响测量结果），等待一定时间使传感器表面温度接近房间温度，再使用万用表电阻挡测量插头两端，正常阻值应接近5kΩ，实测阻值约为1kΩ，说明管温传感器阻值变小损坏。

图 7-15　测量管温传感器阻值

本例空调器传感器使用型号为 25℃ /5kΩ。

维修措施： 见图7-16，更换管温传感器，更换后上电测量管温传感器分压点电压为直流2.5V，与环温传感器的分压点电压值相同，遥控开机后，显示板组件上的"电源"、"运行"指示灯点亮，室外风机和压缩机运行，空调器制冷正常。

图 7-16　更换管温传感器后测量分压点电压

　　应急措施： 在夏季维修时，如果暂时没有配件更换，而用户又十分着急使用，见图7-17，可以将环温与管温传感器插头互换，并将环温传感器探头插在蒸发器内部，管温传感器探头放在检测温度的支架上。开机后空调器能应急制冷，但没有温度自动控制功能（即空调器不停机一直运行），应告知用户待房间温度下降到一定值，再使用遥控器关机或拔下空调器电源插头。

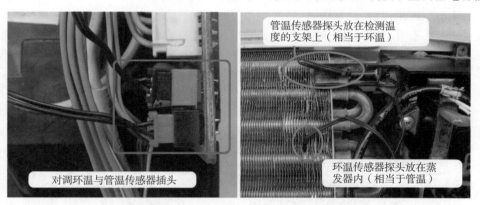

图 7-17　调换环温与管温传感器插头

第二节 室外机电控系统故障

一、电容损坏，压缩机不运行

故障说明：海信KFR-25GW空调器，开机后不制冷，室外风机运行但压缩机不运行。图7-18为室外机电气接线图。

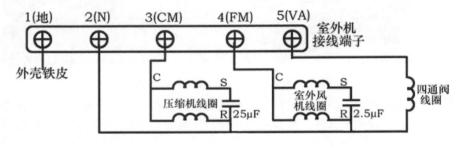

图 7-18　室外机电气接线图

1. 测量压缩机电压和线圈阻值

制冷开机，使用万用表交流电压挡，见图7-19（a），在室外机接线端子上测量2N（电源零线）与3CM（压缩机供电）端子电压，正常值为交流220V左右，实测电压为220V，说明室内机主板已输出供电。

断开空调器电源，使用万用表电阻挡，见图7-19（b），测量2N与3CM端子阻值（相当于测量压缩机公共端与运行绕组），正常值约为3Ω，实测结果为无穷大，说明压缩机线圈回路有断路故障。

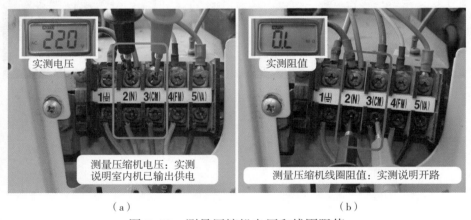

（a）　　　　　　　　　　　　　　　　（b）

图 7-19　测量压缩机电压和线圈阻值

2. 为压缩机降温

询问用户空调器已开启一段时间，用手摸压缩机相对应的外壳温度很高，大致判断压缩机内部过载保护器触点断开。

取下室外机外壳，见图7-20，手摸压缩机外壳烫手，确定内部过载保护器由于温度过高触点断开保护，将毛巾放在压缩机上部，使用凉水降温，同时测量2N和3CM端子的阻值，当由无穷大变为正常阻值时，说明内部过载保护器触点已闭合。

空调器维修从入门到精通

内部过载保护器串接在压缩机线圈公共端，位于上部顶壳，用凉水为压缩机降温时，将毛巾放在顶部可使过载保护器触点迅速闭合。

手摸压缩机外壳烫手

将毛巾放在压缩机顶部，使用凉水降温

测量压缩机线圈阻值：由无穷大转为正常时，为内置过载保护器触点已闭合

图 7-20　为压缩机降温

3. 压缩机启动不起来

测量2N与3CM端子阻值正常后上电开机，见图7-21（a），压缩机发出约30s"嗡嗡"的声音，停止约20s再次发出"嗡嗡"的声音。

在压缩机启动时使用万用表交流电压挡，见图7-21（b），测量2N与3CM端子电压，由交流220V（未发出声音时的电压，即静态）下降到199V（压缩机发出"嗡嗡"声时的电压，即动态），说明供电正常。

同时使用万用表电流挡，见图7-21（c），在压缩机启动时测量压缩机电流约20A，综合判断压缩机启动不起来。

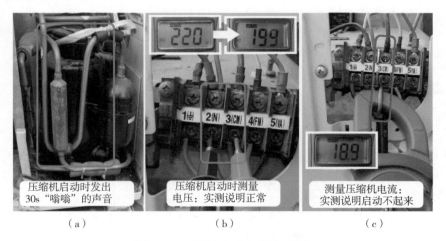

压缩机启动时发出30s"嗡嗡"的声音

压缩机启动时测量电压：实测说明正常

测量压缩机电流：实测说明启动不起来

（a）　　　　　　　　　（b）　　　　　　　　　（c）

图 7-21　测量启动电压和电流

4. 检查压缩机电容

在供电电压正常的前提下，压缩机启动不起来最常见的原因是电容无容量损坏，见图7-22，取下电容使用2根引线接在2个端子上，并通上交流220V充电约1s，拔出后短接2个引线端子，电

容正常时会发出很大的响声，并冒出火花，本例在短接引线端子时既没有响声，也没有火花，判断电容无容量损坏。

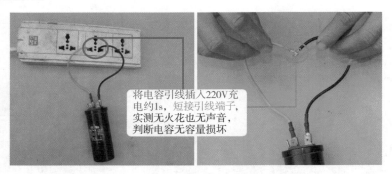

将电容引线插入220V充电约1s，短接引线端子，实测无火花也无声音，判断电容无容量损坏

图7-22　使用充电法检查压缩机电容

维修措施：见图7-23，更换压缩机电容，更换后上电开机，压缩机运行，空调器开始制冷，再次测量压缩机电流为4.4A，故障排除。

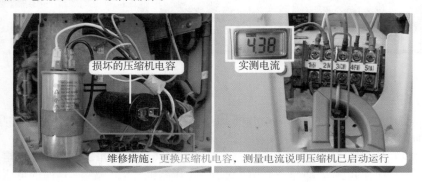

损坏的压缩机电容

实测电流

维修措施：更换压缩机电容，测量电流说明压缩机已启动运行

图7-23　更换压缩机电容后电流正常

维修总结：

① 压缩机电容损坏在不制冷故障中占到很大比例，通常发生在使用2～3年以后。

② 如果用户报修为不制冷故障，应告知用户不要开启空调器，因为假如故障原因为压缩机电容损坏或系统缺氟故障，均会导致压缩机温度过高造成内置过载保护器触点断开保护，在检修时还要为压缩机降温，增加维修的时间。

③ 在实际检修中，如果故障为压缩机启动不起来并发出"嗡嗡"的响声，一般不用测量直接更换压缩机电容即可排除故障；新更换电容容量误差在原电容容量的20%以内也可正常使用。

二、压缩机卡缸，空调器不制冷

故障说明：美的KFR-26GW/I1Y空调器，遥控开机后不制冷，检查室外风机运行，但压缩机启动不起来，发出断断续续的"嗡嗡"声。

1. 测量压缩机工作电压和电流

使用万用表交流电压挡，见图7-24（a），黑表笔接2N端子（电源零线）、红表笔接1号端子（压缩机引线）测量电压，在没有声音时（即静态）电压为交流222V，发出"嗡嗡"声时电压下降至交流199V，说明电源供电正常。

再使用万用表交流电流挡，见图7-24（b），钳头夹住1号端子引线测量压缩机电流，正常约为4A，实测发出"嗡嗡"时电流接近20A，没有声音时电流为0A，说明不制冷故障是由于压缩机启动不起来，应检查压缩机电容是否正常。

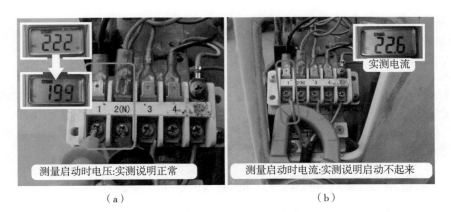

测量启动时电压:实测说明正常 （a）

测量启动时电流:实测说明启动不起来 （b）

图 7-24　测量压缩机启动电压和电流

2. 代换压缩机电容

　　取下压缩机电容，见图7-25，在2个端子上接上引线并用交流220V充电约1s，拔出引线短接2个端子，正常时有很响的声音，实际短接时也有很响的声音，说明压缩机电容正常，试使用一个正常同容量的电容代换，上电试机压缩机仍启动不起来，判断压缩机线圈故障或卡缸（即内部机械部分锈在一起）损坏。

使用充电法测试压缩机电容正常

使用正常同容量的电容代换试机故障依旧

原压缩机电容

图 7-25　使用充电法测量压缩机电容并代换试机

3. 测量线圈阻值

　　断开空调器电源，使用万用表电阻挡，见图7-26，表笔接运行绕组（R、红线、位于电容上的多数端子）和公共端（C、黑线、位于室外机接线端子的1号端子），实测阻值为3.2Ω；表笔接公共端和启动绕组（S、蓝线、位于电容上的少数端子），实测阻值为3.8Ω；表笔接运行绕组和启动绕组，实测阻值为7Ω；根据阻值结果RS（7Ω）=CR（3.2Ω）+CS（3.8Ω），判断压缩机线圈阻值正常，说明压缩机卡缸损坏。

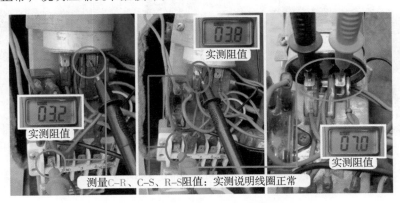

实测阻值

实测阻值

实测阻值

测量C-R、C-S、R-S阻值:实测说明线圈正常

图 7-26　测量线圈阻值

维修措施： 更换压缩机。

维修总结：

① 压缩机未启动时电压在正常范围以内（交流220V±10%即交流198～242V），但压缩机启动时电压会下降到交流160V左右，这是电源电压低引起的启动不起来的故障。

② 压缩机启动绕组开路或引线与接线端子接触不良，也会发生压缩机启动不起来的故障。

③ 压缩机电容无容量或容量减小，这是由启动力矩减小引起的压缩机启动不起来的故障。

④ 因此检修压缩机启动不起来故障时，测量启动时的工作电压、线圈阻值、电容全部正常后，才能判断为压缩机卡缸损坏。

三、压缩机线圈对地短路，通电空气开关跳闸

故障说明： 海信KFR-25GW空调器，通电后空气开关跳闸。

1. 通电后空气开关跳闸

见图7-27，将空调器电源插头插在插座上后，空气开关随即跳闸断开，说明空调器电控系统有短路故障。

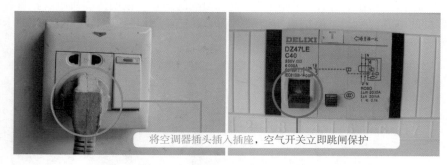

图 7-27　通电后空气开关跳闸

2. 测量电源插头 N 与地阻值

使用万用表电阻挡，见图7-28（a），2个表笔分别接电源插头N与地端子测量阻值，正常应为无穷大，实测阻值约100Ω，确定空调器存在短路故障。

为区分故障点在室内机还是在室外机，见图7-28（b）、（c），将室外机接线端子上引线全部取下，并保持互不相连，再次测量电源插头N与地端子阻值已为无穷大，说明室内机和连接线阻值正常，故障点在室外机。

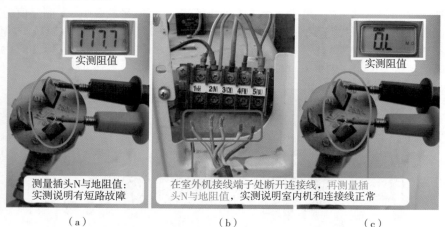

图 7-28　测量插头 N 与地阻值

3. 测量室外机接线端子上 N 与地阻值

使用万用表电阻挡，见图7-29（a），黑表笔接地（实接室外机外壳固定螺钉）、红表笔接室外机接线端子上2N端子测量阻值，正常应为无穷大，实测结果约100Ω，确定室外机存在短路故障。

由于室外机电控系统负载有压缩机、室外风机、四通阀线圈，而压缩机最容易发生短路故障，因此拔下压缩机的3根引线，见图7-29（b）、（c），再次测量2N端子与地阻值已为无穷大，说明室外风机和四通阀线圈正常，故障点在压缩机。

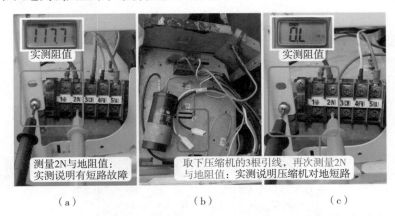

（a）　　　　　　　　（b）　　　　　　　　（c）

图 7-29　在室外机接线端子上测量 N 端与地阻值

4. 测量压缩机接线端子对地阻值

使用万用表电阻挡，见图7-30（a），黑表笔接地（实接固定板铁壳）、红表笔接压缩机引线测量对地阻值，正常应为无穷大，实测约100Ω，说明压缩机线圈对地短路。

为准确判断，取下压缩机接线盖和连接线，使用万用表电阻挡，见图7-30（b），表笔分别接室外机铜管（相当于接地）和接线端子，直接测量压缩机接线端子对地阻值仍约为100Ω，确定压缩机线圈对地短路损坏。

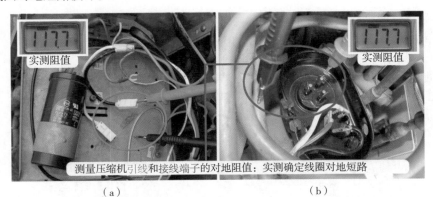

（a）　　　　　　　　　　　（b）

图 7-30　测量压缩机线圈引线和接线端子对地阻值

维修措施： 更换压缩机。

维修总结：

① 本例压缩机线圈对地短路，上电后空气开关跳闸在维修中占到一定的比例，多见于目前生产的空调器，而早期生产的空调器压缩机一般很少损坏。

② 线圈对地短路阻值部分空调器接近0Ω，部分空调器则为200kΩ左右，阻值差距较大，但都会引起通电后空气开关跳闸的故障。

③ 空气开关如果带有漏电保护功能，则表现为空调器通电后，空气开关立即跳闸；如果空气开关不带漏电保护功能，则通常表现为空调器开机后空气开关跳闸。

④ 需要测量空调器的绝缘电阻时，应使用万用表电阻挡测量电源插头N端（电源零线）与地端阻值，不能测量L端（电源相线）与地端，原因是电源零线直接为室内机和室外机的电气元件供电，而电源相线则通过继电器触点（或光耦晶闸管）供电。

四、连接线接错，室外风机不运行

故障说明： 某型号挂式空调器，开机后不制冷，到室外机查看，压缩机运行，但室外风机不运行。

1. 测量室外风机电压

使用万用表交流电压挡，见图7-31（a），在室外机接线端子上黑表笔接2N端子、红表笔接4号端子（FM代表室外风机）测量室外风机电压，正常值为电源电压约交流220V，实测为0V，说明室外风机未运行是由于没有供电所致。

到室内机接线端子上测量室外风机供电（N与FM端子），见图7-31（b），实测为交流220V，说明室内机主板已输出供电，应检查连接线是否断路或接错。

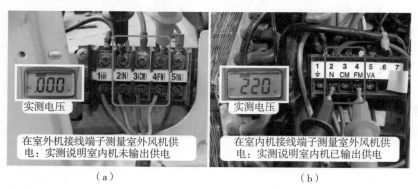

图 7-31　测量室外风机供电电压

2. 测量室外风机线圈阻值和电压

断开空调器电源，见图7-32（a），使用万用表电阻挡（表笔接N和FM端子），在室内机接线端子上测量室外风机线圈阻值（相当于测量公共端和运行绕组），正常约200Ω，实测约300Ω，说明室外风机线圈阻值正常，且室内外机连接线没有断路故障。

由于连接线正常且室内机主板已输出供电，重新上电开机，在室外机接线端子上红表笔接FM端子，黑表笔接其他端子测量电压，见图7-32（b），当测量到CM（压缩机）端子时为正常电压交流220V，大致判断室内外机连接线接线错误。

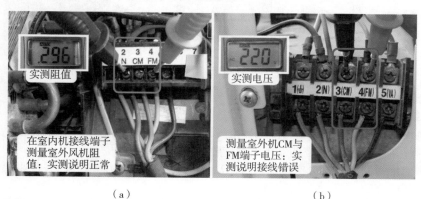

图 7-32　测量室外风机线圈阻值和电压

3. 检查室内机和室外机接线端子连接线接线顺序

断开空调器电源，查看室内机和室外机接线端子上连接线接线顺序，见图7-33，室内机顺序：1地为黄绿线、2N为蓝线、3CM为棕线、4FM为白线、5VA为黑线。室外机顺序：1地为黄绿线、2N为棕线、3CM为蓝线、4FM为白线、5VA为黑线，查看结果说明室内机和室外机接线端子上2N和3CM端子连接线接反。

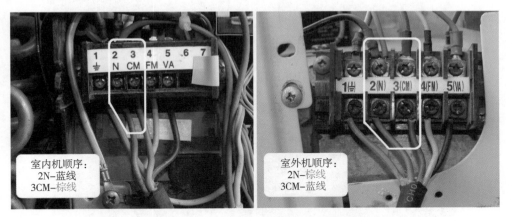

图 7-33　检查室内机和室外机接线端子连接线接线顺序

维修措施： 见图7-34，在室外机接线端子对调2号与3号引线位置，使之与室内机相对应，再次通电开机后测量2N与4FM端子电压为交流220V，室外风机运行，故障排除。

图 7-34　对调室外机接线端子 2 号和 3 号连接线位置

维修总结： 本例由于室外机2N与3CM端子连接线接反，3CM端子变为电源零线、2N端子变为压缩机供电，因此压缩机供电不受影响能正常运行，而4FM端子（室外风机供电）与2N端子不能形成回路，电压为交流0V，室外风机因无供电而不能运行。

五、交流接触器线圈开路，压缩机不工作

故障说明： 美的KFR-71LW/SDY-S3柜式空调器，见图7-35，开机后显示屏显示正常，但空调器不制冷，到室外机检查，室外风机运行但压缩机不运行。

1. 查看交流接触器和按压强制按钮

压缩机供电由交流接触器提供，首先查看室外机电控盒内的交流接触器，见图7-36，发现未吸合，使用螺丝刀顶住强制按钮使触点闭合，压缩机开始运行，手摸压缩机吸气管变凉、排气管变热，说明空调器不制冷故障为交流接触器触点未吸合引起的。

图 7-35　室外风机运行但压缩机不运行

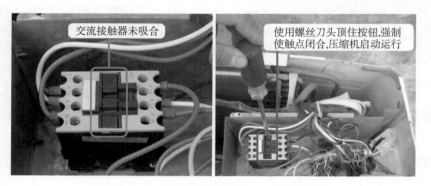

图 7-36　查看交流接触器和按压强制按钮

2. 测量交流接触器线圈电压和阻值

使用万用表交流电压挡，见图7-37，测量交流接触器线圈电压为交流220V，说明室内机主板已输出压缩机运行的控制电压；断开空调器电源，使用万用表电阻挡，测量交流接触器线圈阻值为无穷大，初步判断线圈开路损坏。

说明

实物图在测量线圈阻值时，为使图片清晰，取下了交流接触器的输入侧引线，实际测量时不用取下引线。

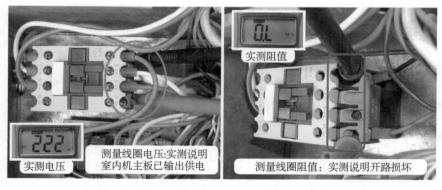

图 7-37　测量交流接触器线圈电压和阻值

3. 取下交流接触器和测量线圈阻值

取下交流接触器，使用万用表电阻挡测量线圈的接线端子，见图7-38，阻值仍为无穷大，而正常阻值约500Ω，从而确定故障为交流接触器线圈开路损坏。

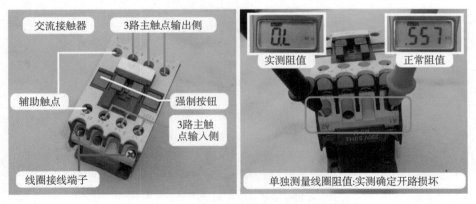

图 7-38　取下交流接触器和测量线圈阻值

维修措施：见图7-39，更换交流接触器，开机后交流接触器触点吸合，压缩机得电运行，空调器制冷恢复正常。

交流接触器的线圈电压有交流380V和交流220V两种，更换时应选用相同型号，否则容易损坏线圈使之开路损坏。

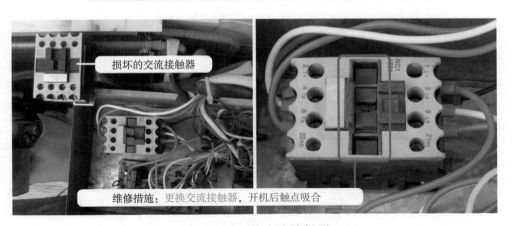

图 7-39　更换交流接触器

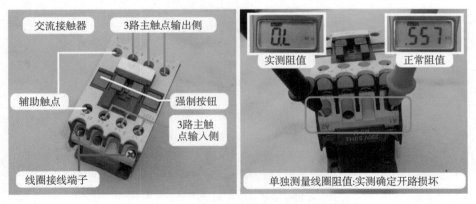第七章　空调器电控系统常见故障维修实例

167

变频空调器主要元器件和维修实例

第八章

第一节 电控系统主要元器件

变频空调器在室外机增加电控系统用于驱动变频压缩机，因此许多元器件在定频空调器上没有使用，本章主要介绍变频空调器电控系统主要元器件。

主要元器件是变频空调器电控系统比较重要的电气元件，并且在定频空调器电控系统中没有使用，通常工作在电流较大的电路中，比较容易损坏。将主要元器件集结为一节，对其作用、实物外形、测量方法等作简单说明。

一、直流电机

直流电机应用在全直流变频空调器的室内风机和室外风机，作用与安装位置和普通定频空调器室内机的PG电机、室外机的室外风机相同。

1. 作用

室内直流电机带动室内风扇（贯流风扇）运行，安装位置和实物外形见图8-1，制冷时将蒸发器产生的冷量输送到室内，从而降低房间温度。

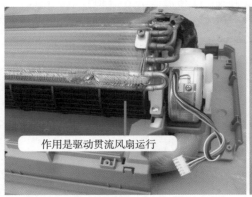

图 8-1 室内直流电机安装位置和实物外形

室外直流电机带动室外风扇（轴流风扇）运行，安装位置和实物外形见图8-2，制冷时将冷凝器产生的热量排放到室外，吸入自然空气为冷凝器降温。

图 8-2 室外直流电机安装位置和实物外形

2. 内部结构

直流电机内部结构见图8-3，主要由转子、定子、上盖、控制电路板组成。与普通交流电机相比，最主要的区别是内置控制电路板，同时转子带有较强的磁性。

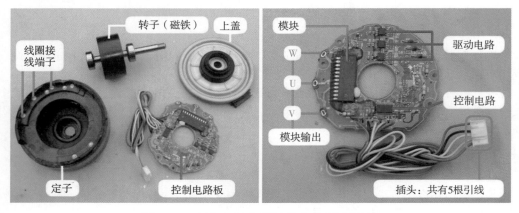

图 8-3　直流电机内部结构和内部电路板

3. 引线作用

室内直流电机和室外直流电机均使用直流无刷电机，因此插头外观和引线数量及作用均相同。

直流电机铭牌和插头见图8-4，插头共有5根引线：①号红线为直流300V电压正极，②号黑线为直流电压负极即地线，③号白线为直流15V电压正极，④号黄线为驱动控制引线，⑤号蓝线为转速反馈引线。

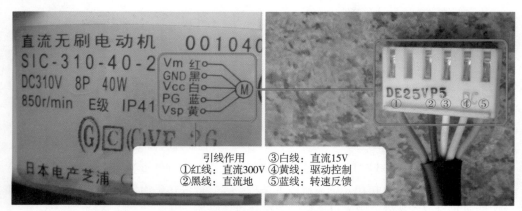

图 8-4　直流电机引线功能

二、硅桥

1. 作用与常用型号

硅桥实际上是由内部4个大功率整流二极管组成的桥式整流电路，将交流220V电压整流成为直流300V电压。

常用型号为S25VB60，25含义为最大正向整流电流25A，60含义为最高反向工作电压600V。

2. 安装位置

安装位置见图8-5，硅桥工作时需要通过较大的电流，功率较大且有一定的热量，因此与模块一起固定在大面积的散热片上。

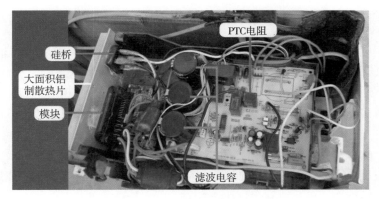

图 8-5　硅桥安装位置

大面积铝制散热片、模块、硅桥、PTC电阻、滤波电容为图中标注。

目前变频空调器电控系统还有一种设计方式，见图8-6，就是将硅桥和PFC电路集成在一起，组成PFC模块，和驱动压缩机的变频模块设计在一块电路板上，因此在此类空调器中，找不到普通意义上的硅桥。

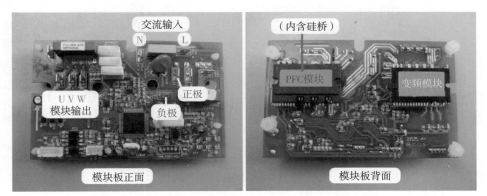

图 8-6　目前模块板上 PFC 模块内含硅桥

3. 引脚作用

硅桥共有四个引脚，分别为两个交流输入端和两个直流输出端。两个交流输入端接交流220V，使用时没有极性之分。两个直流输出端中的正极经滤波电感接滤波电容正极，负极直接与滤波电容负极连接。

4. 分类与引脚辨认方法

根据外观分类常见有方形和扁形两种，实物外形见图8-7。

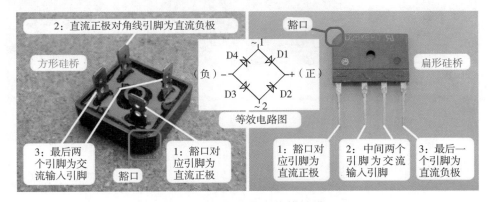

图 8-7　硅桥引脚功能辨认方法

方形：其中的一角有豁口，对应引脚为直流正极，对角线引脚为直流负极，其他两个引脚为交流输入端（使用时不分极性）。

扁形：其中一侧有一个豁口，对应引脚为直流正极，中间两个引脚为交流输入端，最后一个引脚为直流负极。

5. 测量方法

由于内部为四个大功率的整流二极管，因此测量时应使用万用表二极管挡。

（1）测量正、负端子

测量过程见图8-8，相当于测量串联的D1和D4（或串联的D2和D3）。

红表笔接正、黑表笔接负，为反向测量，结果为无穷大；红表笔接负、黑表笔接正，为正向测量，结果为823mV。

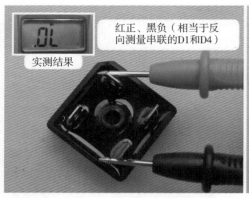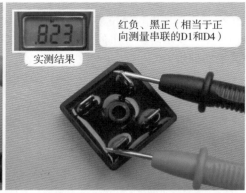

图 8-8　测量正、负端

（2）测量正、两个交流输入端

测量过程见图8-9，相当于测量D1、D2。

红表笔接正、黑表笔接交流输入端，为反向测量，两次结果相同，应均为无穷大；红表笔接交流输入端、黑表笔接正，为正向测量，两次结果应相同，均为452mV。

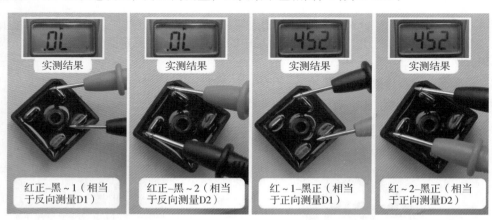

图 8-9　测量正、两个交流输入端

（3）测量负、两个交流输入端

测量过程见图8-10，相当于测量D3、D4。

红表笔接负、黑表笔接交流输入端，为正向测量，两次结果相同，均为452mV；红表笔接交流输入端、黑表笔接负，为反向测量，两次结果相同，均为无穷大。

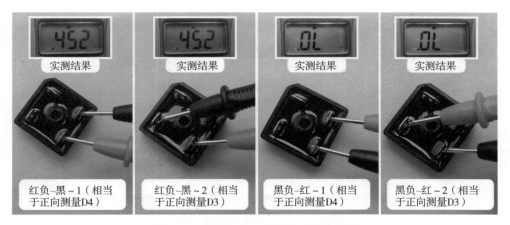

实测结果   实测结果   实测结果   实测结果

红负–黑～1（相当   红负–黑～2（相当   黑负–红～1（相当   黑负–红～2（相当
于正向测量D4）   于正向测量D3）   于正向测量D4）   于正向测量D3）

图 8-10 测量负、两个交流输入端

（4）测量交流输入端～1、～2

相当于测量反方向串联的D1和D2（或D3和D4），由于为反方向串联，因此正反向测量结果应均为无穷大。

三、滤波电感

实物外形和安装位置见图8-11。

1. 作用

根据电感线圈"通直流、隔交流"的特性，阻止由硅桥整流后直流电压中含有的交流成分通过，使输送滤波电容的直流电压更加平滑、纯净。

2. 引脚作用

将较粗的电感线圈按规律绕制在铁芯上，即组成滤波电感。只有两个接线端子，没有正反之分。

3. 安装位置

滤波电感通电时会产生电磁频率，且自身较重容易产生噪声，为防止对主板控制电路产生干扰，通常将滤波电感设计在室外机底座上面。

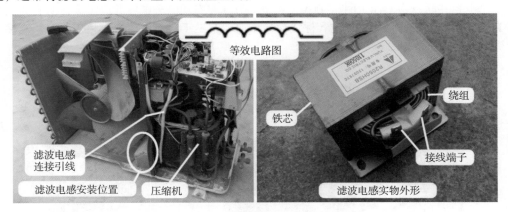

等效电路图

滤波电感
连接引线

滤波电感安装位置   压缩机

铁芯

绕组

接线端子

滤波电感实物外形

图 8-11 安装位置和实物外形

4. 测量方法

图8-12为测量滤波电感方法，使用万用表电阻挡，阻值约1 Ω。

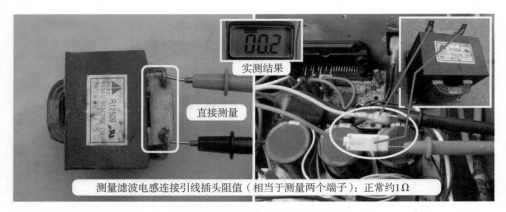

图 8-12　测量滤波电感阻值

由于滤波电感位于室外机底部，且外部有铁壳包裹，直接测量其接线端子不是很方便，检修时可以测量两个连接引线的插头阻值。如果实测阻值为无穷大，应检查滤波电感上引线插头是否正常。

四、滤波电容

1. 作用

实际为容量较大（约2000μF）、耐压较高（约直流400V）的电解电容。根据电容"通交流、隔直流"的特性，对滤波电感输送的直流电压再次滤波，将其中含有的交流成分直接入地，使供给模块P、N端的直流电压平滑、纯净，不含交流成分。

2. 引脚作用

电容共有两个引脚，正极和负极。正极接模块P端子，负极接模块N端子，负极引脚对应有"▯"状标志。

3. 分类

按电容个数分类，有两种形式，即单个电容或几个电容并联组成，实物见图8-13。

单个电容：由1个耐压400V、容量2200μF左右的电解电容，对直流电压滤波后为模块供电，常见于早期生产的变频空调器，电控盒内设有专用安装位置。

多个电容并联：由2~4个耐压400V、容量560μF左右的电解电容并联组成，对直流电压滤波后为模块供电，总容量为单个电容标注容量相加。常见于目前生产的变频空调器，直接焊在室外机主板上。

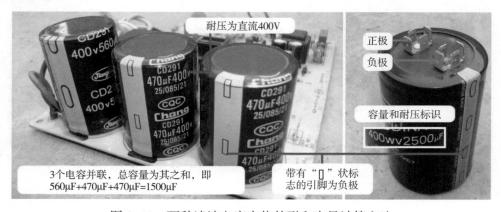

图 8-13　两种滤波电容实物外形和容量计算方法

五、IPM 模块

IPM模块是变频空调器电控系统中最重要元件之一，也是故障率较高的一个元件，属于电控系统主要元器件之一。

1. 作用

模块可以简单地看作是电压转换器。室外机主板CPU输出6路信号，经模块内部驱动电路放大后控制IGBT开关管的导通与截止，将直流300V电压转换成与频率成正比的模拟三相交流电（交流30～220V、频率15～120Hz），驱动压缩机运行。

三相交流电压越高，压缩机转速和输出功率（即制冷效果）也越高；反之，三相交流电压越低，压缩机转速和输出功率（即制冷效果）也就越低。三相交流电压的高低由室外机CPU输出的6路信号决定。

2. IPM 模块实物外形

严格意义的IPM模块见图8-14，是一种智能的模块，将IGBT连同驱动电路和多种保护电路封装在同一模块内，从而简化了设计，提高了稳定性。IPM模块只有固定在外围电路的控制基板上，才能组成模块板组件。

本书所称"模块"，就是由IPM模块和控制基板组合的模块板组件。

3. 固定位置

由于模块工作时产生很高的热量，因此设有面积较大的铝制散热片，并固定在上面，中间有绝缘垫片，设计在室外机电控盒里侧，室外风扇运行时带走铝制散热片表面的热量，间接为模块散热。

4. 输入与输出电路

图8-15为模块输入和输出电路的方框图，图8-16为实物图。

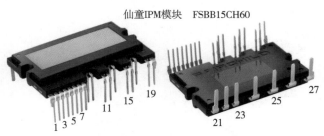

图 8-14　仙童 FSBB15CH60 模块

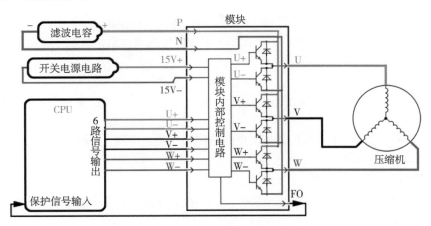

图 8-15　模块输入和输出电路方框图

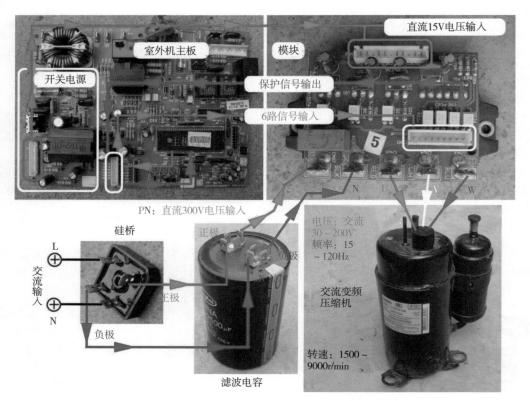

图 8-16   模块输入和输出电路实物图

 说明

直流 300V 供电回路中, 在实物图上未显示 PTC 电阻、室外机主控继电器、滤波电感等器件。

（1）输入部分

① P、N：由滤波电容提供直流300V电压，为模块内部IGBT开关管供电，其中P外接滤波电容正极，内接上桥三个IGBT开关管的集电极；N外接滤波电容负极，内接下桥三个IGBT开关管的发射极。

② 直流15V：由开关电源电路提供，为模块内部控制电路供电。

③ 6路信号：由室外机CPU提供，经模块内部控制电路放大后，按顺序驱动6个IGBT开关管的导通与截止。

（2）输出部分

① U、V、W：即上桥与下桥IGBT的中点，输出与频率成正比的模拟三相交流电，驱动压缩机运行。

② FO（保护信号）：当模块内部控制电路检测到过热、过流、短路、15V电压低四种故障，输出保护信号至室外机CPU。

5. 模块测量方法

无论任何类型的模块使用万用表测量时，内部控制电路工作是否正常均不能判断，只能对内部6个开关管作简单的检测。

从图8-17所示的模块内部IGBT开关管方框简图可知，万用表显示值实际为IGBT开关管并联

6个续流二极管的测量结果，因此应选择二极管挡，且P、N、U、V、W端子之间应符合二极管的特性。

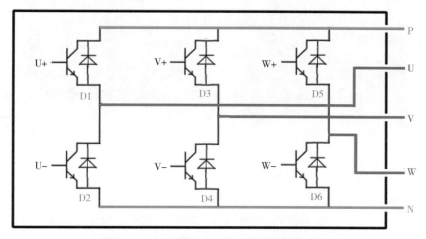

图 8-17　模块内部 IGBT 开关管方框简图

（1）测量 P、N 端子

测量过程见图8-18，相当于D1和D2（或D3和D4、D5和D6）串联。

红表笔接P、黑表笔接N，为反向测量，结果为无穷大；红表笔接N、黑表笔接P，为正向测量，结果为733mV。

如果正反向测量结果均为无穷大，为模块P、N端子开路；如果正反向测量均接近0 mV，为模块P、N端子短路。

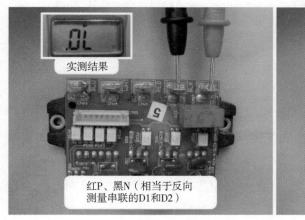

图 8-18　测量 P、N 端子

（2）测量 P 与 U、V、W 端子

相当于测量D1、D3、D5。

红表笔接P，黑表笔接U、V、W，测量过程见图8-19左图，为反向测量，三次结果相同，应均为无穷大。

红表笔接U、V、W，黑表笔接P，测量过程见图8-19右图，为正向测量，三次结果相同，应均为406mV。

如果反向测量或正向测量时P与U、V、W端子结果均接近0 mV，则说明模块PU、PV、PW结击穿。实际损坏时有可能是PU、PV结正常，只有PW结击穿。

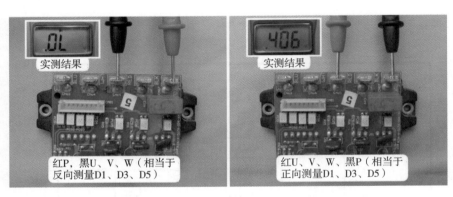

图 8-19　测量 P 与 U、V、W 端子

（3）测量 N 与 U、V、W 端子

相当于测量D2、D4、D6。

红表笔接U、V、W，黑表笔接N，测量过程见图8-20左图，为反向测量，三次结果相同，应均为无穷大。

红表笔接N，黑表笔接U、V、W，测量过程见图8-20右图，为正向测量，三次结果相同，应均为406mV。

如果反向测量或正向测量时，N与U、V、W端子结果均接近0 mV，则说明模块NU、NV、NW结击穿。实际损坏时有可能是NU、NW结正常，只有NV结击穿。

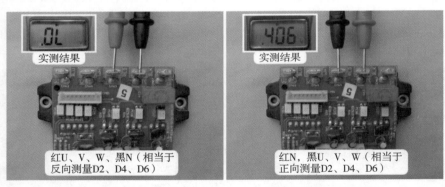

图 8-20　测量 N 与 U、V、W 端子

（4）测量 U、V、W 端子

测量过程见图8-21，由于模块内部无任何连接，U、V、W端子之间无论正反向测量，结果相同，应均为无穷大。

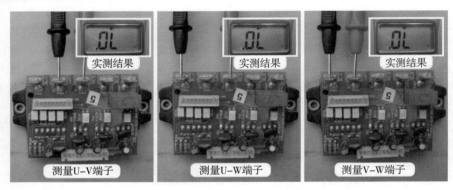

图 8-21　测量 U、V、W 端子

如果结果接近0 mV，则说明UV、UW、VW结击穿。实际维修时U、V、W之间击穿损坏比例较少。

六、变频压缩机

变频压缩机实物外形和铭牌标识见图8-22。

1. 作用

压缩机是制冷系统的心脏，通过运行使制冷剂在制冷系统保持流动和循环。由三相感应电机和压缩系统两部分组成，模块输出频率与电压均可调的模拟三相交流电为三相感应电机供电，电机带动压缩系统工作。

模块输出电压变化时电机转速也随之变化，转速变化范围约1500～9000r/min，压缩系统的输出功率（即制冷量）也发生变化，从而达到在运行时调节制冷量的目的。

图 8-22 变频压缩机实物外形和铭牌标识

2. 引线作用

实物见图8-23，无论是交流变频压缩机或直流变频压缩机，均有3个接线端子，标号分别为U、V、W，和模块上的U、V、W的3个接线端子对应连接。

交流变频空调器在更换模块或压缩机时，如果U、V、W接线端子由于不注意插反导致不对应，压缩机则有可能反方向运行，引起不制冷故障，调整方法和定频空调器三相涡旋压缩机相同，即对调任意两根引线的位置。

直流变频空调器如果U、V、W接线端子不对应，压缩机启动后室外机CPU检测转子位置错误，报出"压缩机位置保护"或"直流压缩机失步"的故障代码。

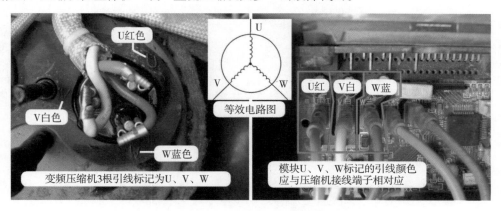

图 8-23 变频压缩机引线

3. 分类

根据工作方式主要分为直流变频压缩机和交流变频压缩机。

直流变频压缩机：使用无刷直流电机，工作电压为连续但极性不断改变的直流电。

交流变频压缩机：使用三相感应电机，工作电压为交流30~220V，频率15~120Hz，转速1500~9000r/min。

4. 测量方法

测量过程见图8-24，使用万用表电阻挡测量3个接线端子之间阻值，UV、UW、VW阻值相等，即$R_{UV}=R_{UW}=R_{VW}$，阻值1.5Ω左右。

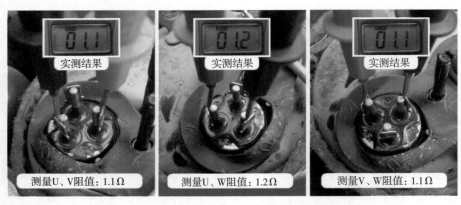

图 8-24　测量压缩机线圈阻值

第二节 常见故障维修实例

一、室内外机连接线接错，室外机不运行

故障说明：海信KFR-26GW/11BP挂式交流变频空调器，移机时安装后开机，室内机主板向室外机供电，但室外机不运行，同时空调器不制冷。按压遥控器上"传感器切换"键2次，显示板组件上"运行（蓝）、电源"指示灯亮，代码含义为通信故障。

1. 测量接线端子电压

在室内机接线端子上使用万用表直流电压挡测量通信电路，见图8-25，黑表笔接2号N端、红表笔接4号SI端，将空调器通上电源但不开机即处于待机状态时为直流24V，说明室内机主板通信电压产生电路正常。

使用遥控器开机，室内机主控继电器触点闭合为室外机供电，通信电压由直流24V上升至30V左右，而不是正常的0～24V跳动变化的电压，说明通信电路出现故障，使用万用表交流电压挡测量1号L端和2号N端为交流220V。

2. 测量室外机接线端子电压

使用万用表交流电压挡，测量室外机接线端子上1号L端和2号N端电压为交流220V，说明室内机输出的交流电源已送至室外机。

使用万用表直流电压挡，见图8-26左图，黑表笔接2号N端、红表笔接4号SI端，测量通信电压约为直流0V，说明通信信号未传送至室外机通信电路，由于室内机主板N与SI端有通信电压，而室外机通信电压为0V，说明通信信号出现断路。

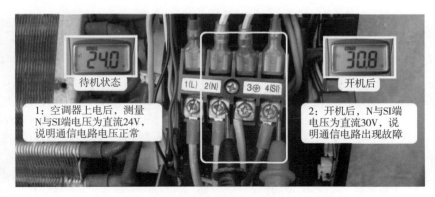

图中标注：
- 24.0 待机状态 1(L) 2(N) 3⊕ 4(SI)
- 1：空调器上电后，测量N与SI端电压为直流24V，说明通信电路电压正常
- 30.8 开机后
- 2：开机后，N与SI端电压为直流30V，说明通信电路出现故障

图 8-25　测量室内机接线端子 N 与 SI 电压

使用万用表直流电压挡，见图8-26右图，红表笔接4号SI端子不动、黑表笔接1号L端电压，正常应接近0V，而实测电压为直流30V，和室内机接线端子上SI与N电压相同，由于是移机的空调器，应检查室内外机连接线是否对应。

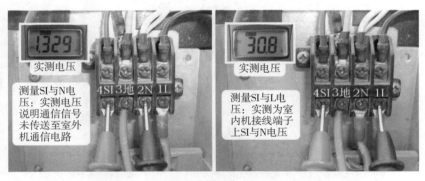

图中标注：
- 13.29 实测电压 4SI 3地 2N 1L
- 测量SI与N电压：实测电压说明通信信号未传送至室外机通信电路
- 30.8 实测电压 4SI 3地 2N 1L
- 测量SI与L电压：实测为室内机接线端子上SI与N电压

图 8-26　测量室外机 N-SI 和 SI-L 电压

3. 对应室内机和室外机接线端子

断开空调器电源，见图8-27，此机原配引线够长，中间未加长引线，仔细查看室内机和室外机接线端子上引线颜色，发现为1号L与2号N端子引线接反。

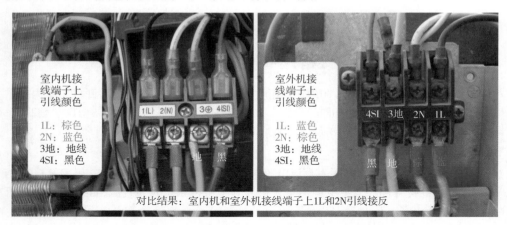

室内机接线端子上引线颜色

1L：棕色
2N：蓝色
3地：地线
4SI：黑色

室外机接线端子上引线颜色

1L：蓝色
2N：棕色
3地：地线
4SI：黑色

对比结果：室内机和室外机接线端子上1L和2N引线接反

图 8-27   检查室内机和室外机接线端子引线

维修措施：对调室外机接线端子上1号L端和2号N端引线位置，使室外机和室内机引线相对应，再次上电开机，室外机运行，空调器开始制冷，测量2号N端和4号SI端的通信电压为0～24V跳动变化。

二、室内机通信电路降压电阻开路，室外机不运行

故障说明：海信KFR-26GW/08FZBPC(a) 挂式直流变频空调器，制冷模式开机后室外机不运行，测量室内机接线端子上L与N电压为交流220V，说明室内机主板已向室外机输出供电，但一段时间以后室内机主板主控继电器触点断开，停止向室外机供电，按压遥控器上高效键4次，显示屏显示代码为"36"，含义为通信故障。

1. 测量 N 与 S 端电压

将空调器通上电源但不开机，使用万用表直流电压挡，见图8-28左图，黑表笔接室内机接线端子上零线N、红表笔接S，测量通信电压，正常为轻微跳动变化的直流24V，实测电压为0V，说明室内机主板有故障（注：此时已将室外机引线去掉）。

见图8-28右图，黑表笔不动，红表笔接24V稳压二极管ZD1正极，电压仍为直流0V，判断直流24V电压产生电路出现故障。

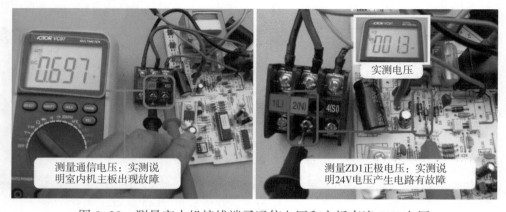

测量通信电压：实测说明室内机主板出现故障

实测电压

测量ZD1正极电压：实测说明24V电压产生电路有故障

图 8-28   测量室内机接线端子通信电压和主板直流 24V 电压

2. 直流24V电压产生电路工作原理

海信KFR-26GW/08FZBPC(a)室内机通信电路直流24V电压产生电路原理图见图8-29，实物图见图8-30，交流220V电压中L端经电阻R10降压、二极管D6整流、电解电容E02滤波、稳压二极管（稳压值24V）ZD1稳压，与电源N端组合在E02两端形成稳定的直流24V电压，为通信电路供电。

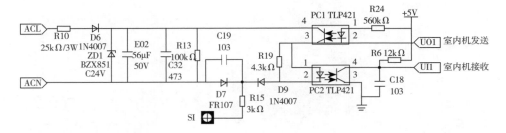

图 8-29 海信 KFR-26GW/08FZBPC(a) 室内机通信电路原理图

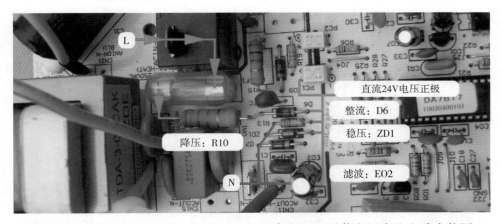

图 8-30 海信 KFR-26GW/08FZBPC（a）直流 24V 通信电压产生电路实物图

3. 测量降压电阻两端电压

由于降压电阻为通信电路供电，因此使用万用表交流电压挡，见图8-31，黑表笔不动依旧接零线N端，红表笔接降压电阻R10下端测量电压，实测约为0V；红表笔测量R10上端电压为交流220V等于供电电压，初步判断R10开路。

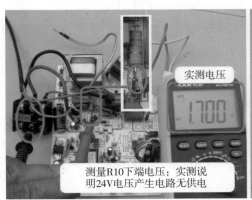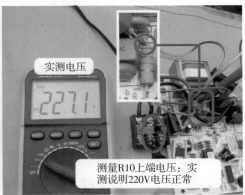

图 8-31 测量降压电阻 R10 下端和上端电压

4. 测量 R10 阻值

断开室内机主板供电，使用万用表电阻挡，见图8-32，测量电阻R10阻值，正常为25kΩ，在路测量阻值为无穷大，说明R10开路损坏；为准确判断，将其取下后，单独测量阻值仍为无穷大，确定开路损坏。

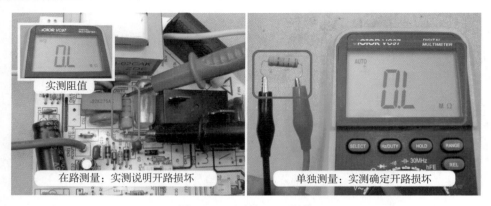

在路测量：实测说明开路损坏　　　　　　　单独测量：实测确定开路损坏

图 8-32　测量 R10 阻值

5. 更换电阻

见图8-33和图8-34，电阻R10参数为25kΩ/3W，由于没有相同型号电阻更换，实际维修时选用2个电阻串联代替，1个为15kΩ/2W，1个为10kΩ/2W，串联后安装在室内机主板上面。

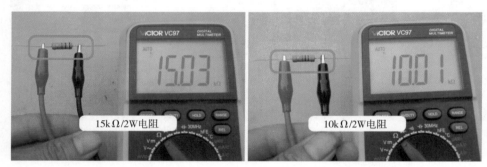

15kΩ/2W电阻　　　　　　　　　　　10kΩ/2W电阻

图 8-33　15kΩ 和 10kΩ 电阻

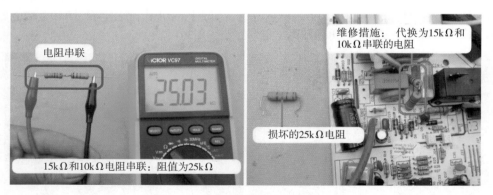

电阻串联

维修措施：代换为15kΩ和10kΩ串联的电阻

损坏的25kΩ电阻

15kΩ和10kΩ电阻串联：阻值为25kΩ

图 8-34　电阻串联后代替 R10

6. 测量通信电压和 R10 下端电压

将空调器通上电源，使用万用表直流电压挡，见图8-35左图，黑表笔接室内机接线端子上零线N端，红表笔接S端测量电压为直流24V，说明通信电压恢复正常。

万用表改用交流电压挡，见图8-35右图，黑表笔不动，红表笔接电阻R10下端测量电压，实测为交流135V。

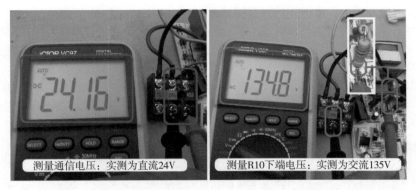

测量通信电压：实测为直流24V　测量R10下端电压：实测为交流135V

图 8-35　测量室内机接线端子通信电压和 R10 下端交流电压

维修措施：见图8-34右图，代换降压电阻R10。代换后恢复线路试机，遥控器开机后室外风机运行，约10s后压缩机开始运行，制冷恢复正常。

三、室外机通信电路分压电阻开路，室外机不运行

故障说明：海信KFR-26GW/11BP挂式交流变频空调器，遥控器开机后，压缩机和室外风机均不运行，同时不制冷。图8-36为室外机通信电路原理图。

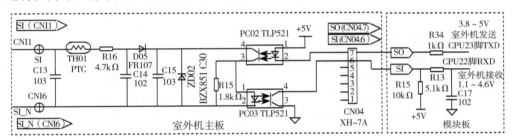

图 8-36　海信 KFR-26GW/11BP 室外机主板通信电路

1. 测量室内机接线端子通信电压

首先使用万用表交流电压挡，见图8-37，测量室内机接线端子上1号L相线和2号N零线电压为交流220V，说明室内机主板已向室外机供电；将挡位改用直流电压挡，黑表笔接室内机接线端子2号N零线、红表笔接4号通信SI线，测量通信电压，正常值在待机时为稳定的直流24V，在室内机向室外机供电时，变为0~24V跳变的电压，而实测待机状态为直流24V，遥控器开机后室内机主板向室外机供电，通信电压仍为直流24V不变，说明通信电路出现故障。

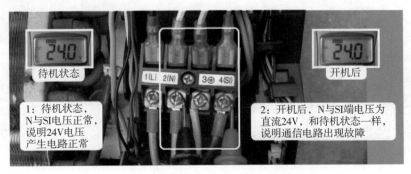

待机状态　开机后

1(L) 2(N) 3⊕ 4(SI)

1：待机状态，N与SI电压正常，说明24V电压产生电路正常

2：开机后，N与SI端电压为直流24V，和待机状态一样，说明通信电路出现故障

图 8-37　测量室内机接线端子通信电压

2. 故障代码

取下室外机外壳，观察到室外机主板上直流12V电压指示灯常亮，初步判断直流300V和12V电压均正常，使用万用表直流电压挡测量直流300V、12V、5V电压均正常。

见图8-38，查看模块板上指示灯闪5次，报故障代码含义为"通信故障"；按压遥控器上"传感器切换"键2次，室内机显示板指示灯显示故障代码为"运行（蓝）、电源"灯亮，代码含义为"通信故障"。

室内机CPU和室外机CPU均报"通信故障"的代码，说明室内机CPU已发送通信信号，但同时室外机CPU未接收到通信信号，同时开机后通信电压为直流24V不变，判断通信电路中有开路故障，重点检查室外机通信电路。

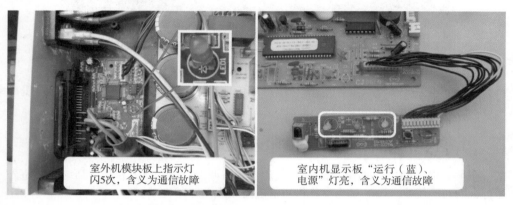

图 8-38　室外机模块板和室内机显示板组件报故障代码为通信故障

3. 测量室外机通信电路电压

在空调器通上电源但不开机即处于待机状态时，见图8-39，黑表笔接电源N零线、红表笔接室外机主板上通信SI线（①处），实测电压为直流24V，和室外机接线端子上电压相同。

红表笔接分压电阻R16上端（②处），实测电压为直流24V，说明PTC电阻TH01阻值正常。

红表笔接分压电阻R16下端（③处），正常应和②处电压相同，而实测电压为直流0V，初步判断R16阻值开路。

红表笔接发送光耦PC02次级侧集电极引脚（④处），实测电压为0V，和③处电压相同。

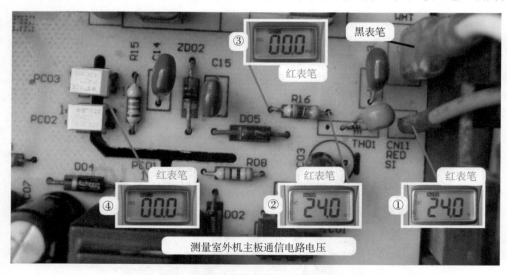

图 8-39　测量室外机主板通信电路电压

空调器维修从入门到精通

4. 测量 R16 阻值

R16上端（②处）电压为直流24V，而下端（③处）电压为直流0V，可大致说明电阻R16开路损坏，断开空调器电源，待直流300V电压下降至直流0V时，见图8-40，使用万用表电阻挡测量R16阻值，正常值为4.7kΩ，实测阻值为无穷大，判断R16开路损坏。

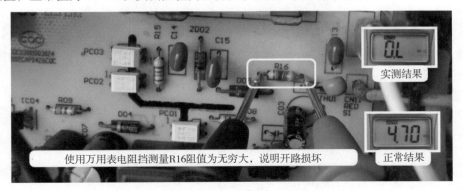

图 8-40　测量 R16 阻值

5. 更换 R16 分压电阻

见图8-41，此机室外机主板通信电路分压电阻使用4.7kΩ/0.25W，在设计中由于功率偏小，容易出现阻值变大甚至开路故障，因此在更换时应选用加大功率、阻值相同的电阻，本例在更换时选用4.7kΩ/1W的电阻。

图 8-41　更换 R16 电阻

维修措施：更换分压电阻R16，参数为原4.7kΩ/0.25W，更换为4.7kΩ/1W。更换后在空调器通上电源但不开机即处于待机状态时测量室外机通信电路电压见图8-42。

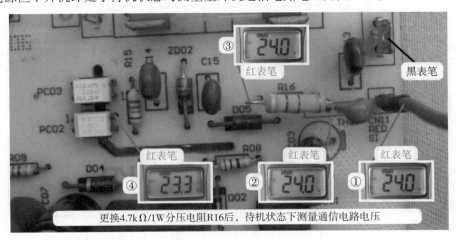

图 8-42　测量室外机主板通信电路电压

总结：本例由于分压电阻开路，通信信号不能送至室外机接收光耦，使得室外机CPU接收不到室内机CPU发送的通信信号，因此通过模块板上指示灯报故障代码为"通信故障"，并不向室内机CPU反馈通信信号；而室内机CPU因接收不到室外机CPU反馈的通信信号，2min后停止室外机的交流220V供电，并记忆故障代码为"通信故障"。

四、20A 保险管开路，室外机不运行

故障说明： 海信KFR-60LW/29BP柜式交流变频空调器，遥控器开机后室外风机和压缩机均不运行，空调器不制冷。

1. 测量室内机接线端子电压

首先取下室内机进风格栅和电控盒盖板，将空调器通上电源但不开机即处于待机状态，使用万用表直流电压挡，见图8-43，黑表笔接2号端子N零线、红表笔接4号端子通信SI线，测量通信电压，实测为直流24V，说明室内机主板通信电压产生电路正常。

表笔不动，使用遥控器开机，听到室内机主板继电器触点闭合的声音，说明已向室外机供电，但实测通信电压仍为直流24V不变，而正常为0～24V跳动变化的直流电压，判断室外机由于某种原因没有工作。

图 8-43　测量室内机接线端子通信电压

2. 测量室外机接线端子电压

见图8-44左图，到室外机检查，使用万用表交流电压挡测量接线端子上1号L相线和2号N零线电压为交流220V，使用万用表直流电压挡测量2号N零线和4号通信SI线电压为直流24V，说明室内机主板输出的交流220V和通信24V电压已送到室外机接线端子。

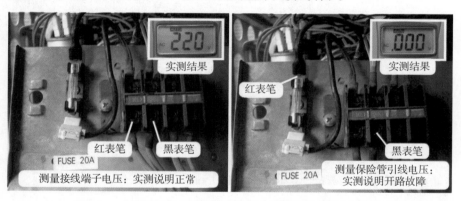

图 8-44　测量室外机接线端子电压和保险管后端电压

观察室外机电控盒上方设有20A保险管，使用万用表交流电压挡，见图8-44右图，黑表笔接2号端子N零线，红表笔接保险管引线，正常电压为交流220V，而实测电压为交流0V，判断保险管出现开路故障。

3. 查看保险管

断开空调器电源，取下保险管，见图8-45，发现一端焊锡已经熔开，烧出一个大洞，使得内部熔丝与外壳金属脱离，表现为开路故障，而正常保险管接口处焊锡平滑，焊点良好，也说明本例保险管开路为自然损坏，不是由于过流或短路故障引起。

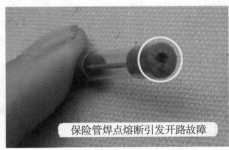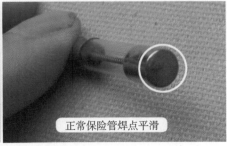

保险管焊点熔断引发开路故障　　　　　正常保险管焊点平滑

图 8-45　损坏的保险管和正常的保险管

4. 应急试机

为检查室外机是否正常，应急为室外机供电，见图8-46左图，将保险管管座的输出端子引线拔下，直接插在输入端子上，这样相当于短接保险管，再次上电开机，室外风机和压缩机均开始运行，空调器制冷良好，判断只是保险管损坏。

维修措施： 见图8-46右图，更换保险管，更换后上电开机，空调器运行正常，故障排除。

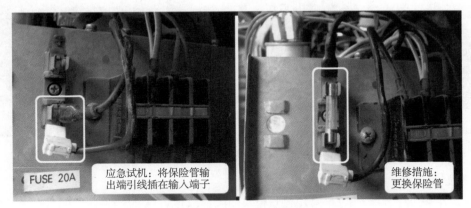

FUSE 20A　应急试机：将保险管输出端引线插在输入端子　　　维修措施：更换保险管

图 8-46　短接保险管试机和更换保险管

总结： 保险管在实际维修中由于过流引发内部熔丝开路的故障很少出现，保险管常见故障如本例故障，由于空调器运行时电流过大，熔丝发热使得焊口部位的焊锡开焊而引发的开路故障，并且多见于柜式空调器，也可以说是一种通病，通常出现在使用几年之后的空调器。

五、模块 P-U 端子击穿，报模块故障

故障说明： 海信KFR-28GW/39MBP挂式交流变频空调器，遥控器开机后室外风机运行，但压缩机不运行，空调器不制冷。

1. 查看故障代码

见图8-47，遥控器开机后室外风机运行，但压缩机不运行，室外机主板直流12V电压指示灯点亮，说明开关电源已正常工作，模块板上以LED1和LED3灭、LED2闪的方式报故障代码，查看代码含义为"模块故障"。

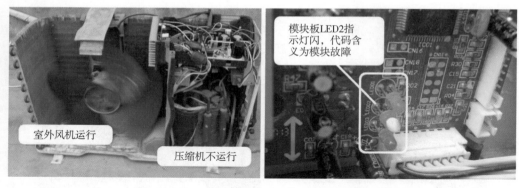

图 8-47　压缩机不运行和模块板报故障代码

2. 测量直流 300V 电压

使用万用表直流电压挡，见图8-48，测量室外机主板上滤波电容直流300V电压，实测为直流297V，说明电压正常，由于代码为"模块故障"，应拔下模块板上的P、N、U、V、W的5根引线，使用万用表二极管挡测量模块。

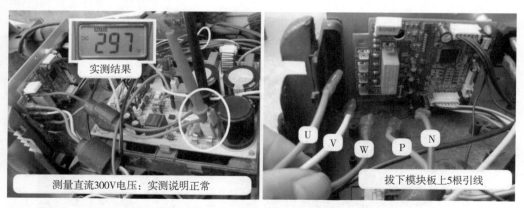

图 8-48　测量直流 300V 电压和拔下 5 根引线

3. 测量模块

使用万用表二极管挡，见图8-49，测量模块的P、N、U、V、W的5个端子，测量结果见表8-1，在路测量模块的P和U端子，正向和反向测量均为0mV，判断模块P与U端子击穿；取下模块，单独测量P与U端子正向和反向均为0mV,确定模块击穿损坏。

▼ 表 8-1　　　　　　　　　　　　　测量模块

项目	模块端子									
万用表（红）	P	N	U	V	W	U	V	W	P	N
万用表（黑）	U	V	W	U	V	W	P	N	N	P
结果/mV	0	无	无	436	0	436	436	无穷大	无	436

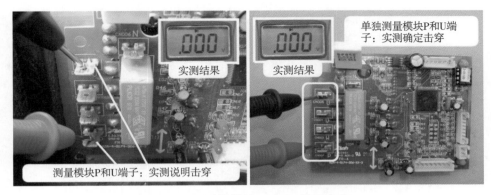

图 8-49 测量模块 P 和 U 端子击穿

维修措施：见图8-50，更换模块板。

图 8-50 更换模块板

总结：

① 本例模块P和U端子击穿，在待机状态下由于P-N未构成短路，因而直流300V电压正常，而遥控器开机后室外机CPU驱动模块时，立即检测到模块故障，瞬间就会停止驱动模块，并报出"模块故障"的代码。

② 如果为早期模块，同样为P和U端子击穿，则直流300V电压可能会下降至260V左右，出现室外风机运行，压缩机不运行的故障。

③ 如果模块为P和N端子击穿，相当于直流300V短路，则室内机主板向室外机供电后，室外机直流300V电压为0V，PTC电阻发烫，室外风机和压缩机均不运行，并报"通信故障"的代码。